热带牧草的重金属胁迫效应研究

葛成军 俞花美 著

中国农业科学技术出版社

图书在版编目（CIP）数据

热带牧草的重金属胁迫效应研究 / 葛成军，俞花美著．北京：中国农业科学技术出版社，2010.6
ISBN 978－7－5116－0178－0

Ⅰ.①热… Ⅱ.①葛…②俞… Ⅲ.①热带－牧草－土壤污染：重金属污染－研究 Ⅳ.①S54②X53

中国版本图书馆 CIP 数据核字（2010）第 088829 号

责任编辑	鲁卫泉
责任校对	贾晓红
出 版 者	中国农业科学技术出版社 北京市中关村南大街 12 号　邮编：100081
电　　话	（010）82106636（编辑室）（010）82109704（发行部） （010）82109703（读者服务部）
传　　真	（010）82106636
网　　址	http：//www. castp. cn
经 销 者	新华书店北京发行所
印 刷 者	北京华正印刷有限责任公司
开　　本	850 mm×1 168 mm　1/32
印　　张	4. 875
字　　数	140 千字
版　　次	2010 年 6 月第 1 版　2010 年 6 月第 1 次印刷
定　　价	18. 00 元

本书由2008年海南省重点学科建设项目、海南省自然科学基金项目(809003)、农业部作物营养与施肥重点开放实验室开放基金课题共同资助

内容简介

本书是编者在历年从事环境科学和热带作物毒理学教学与科学研究的基础上编写而成的，能较好地反映学科发展动态，并补充了热带牧草在相关研究领域的空白。

本书从个体和组织水平上探讨了重金属铅、镉对热带牧草发芽率、生长以及生理生化指标的影响，以及重金属胁迫对热带牧草品质的影响，最后研究了土壤中重金属铅、镉形态的变化及植株对重金属的积累富集效应。

本书可作为热带牧草学、环境毒理学、环境污染治理及其他相关学科的教育与科技工作者及大专院校师生阅读，对热带牧草生产、管理及研究人员也有重要参考价值。

前　言

热带牧草既有良好的生态保护与修复功能，又能替代部分饲用粮食饲养禽畜。重金属是环境中常见的一类污染物，是热带牧草在生长中常遇到的环境胁迫。本书对热带牧草种子发芽和幼苗生长受到重金属环境胁迫的影响进行了深入、全面、系统的研究，在理论方面，丰富了热带牧草重金属逆境胁迫的机理；在实证分析方面，探讨了不同热带牧草品种的抗逆性，对重金属逆境选择不同热带牧草品种进行了评价与研究，同时，提出了热带牧草抗逆性研究的前景与展望。通过模拟重金属胁迫对热带牧草的抗逆性进行筛选，从种子发芽、幼苗形态、生理生化响应、胁迫机理等不同层面探讨环境胁迫对热带牧草的影响，对于环境保护和热带牧草可持续发展具有积极的实践价值。

本书以热带牧草抗重金属胁迫实验研究为基础，吸收近期国内外最新研究成果，经系统修改、补充、整理完成。内容既反映了国际上这门学科的研究动态和理论进展，又展示了国内外科技工作者在热带牧草学领域科学知识的长期积累，信息量大，理论与应用并重。全书共9章，第1章介绍了本书选题的意义及研究内容、技术路线与创新之处；第2章介绍了几种常见的热带牧草；第3章综述了重金属污染研究进展；第4章至第8章中从热带牧草的发芽率、生长、生理生化响应及重金属积累、迁移分配等方面，研究了重金属对热带牧草的毒害效应及热带牧草对重金属胁迫的响应；第9章总结了本书的一些重要结论，并对存在的不足进行剖析并展望研究趋势。编写分工如下：葛成军博士编写第1、2、3、4、5、6、7章，并负责全书的构思和审核，俞花美编写第8、9章。全书由葛成军修改定稿。

本书是2008年海南省重点学科建设项目、海南省自然科学基金项目（809003）、农业部作物营养与施肥重点开放实验室开放基金课题的部分研究成果。本书的研究还得到了中国矿业大学（北京）的黄占斌教授、彭丽成研究生、李成研究生；中国热带农业科学院张绪元博士、中国科学院烟台海岸带研究所张杏艳硕士、昆明理工大学的焦鹏研究生；海南大学的周石池研究生、宋玉梅研究生以及吕明超等人的参与及帮助，在此一并表示衷心的感谢。

本书在编写过程中参阅和引用了众多的出版资料，在此表示衷心的感谢！

本书的撰写还得到了海南大学环境与植物保护学院、中国热带农业科学院热带作物品种资源研究所、中国热带农业科学院环境与植物保护研究所和中国热带农业科学院分析测试中心等单位的大力协助，作者特别感谢陈秋波研究员、唐文浩教授等对我们的帮助、指导和大力支持。

由于水平有限，且我们正处在一个知识不断更新的年代，加之热带牧草学科的发展极为迅速，我国对于热带牧草的相关研究基础比较薄弱，研究方法尚欠完善，书中的错误与不当之处在所难免，不足之处诚望同行专家、学者、研究生、生产管理人员和其他读者批评指正，并提出宝贵意见，以便我们及时修改。

著者

2010 年 1 月于海南儋州

目　录

第1章　导　论

1.1　研究的目的和意义

1.1.1　选题背景

饲料安全、食品安全在世界范围内已成为共识。在美国，食品和饲料是同一概念，适用于同一部法律，美国饮料工业协会明确要求，所有生产饲料会员必须遵循“安全的饲料 = 安全的食品”理念。饲料产品中存在生物、化学等不安全因素，必然影响家畜正常健康生长，其残留物的转移和积累，通过食物链传递放大，最终会影响到人类健康。因此，饲料安全和食品安全具有同一性。

自20世纪70年代以来，重金属污染问题就已受到人们的普遍关注。利用高等植物的生长状况监测土壤污染程度，是从生态学角度衡量土壤健康状况，评价土壤质量的重要方法之一。从目前研究对象看，国内外所选试材以农作物和蔬菜较为多见，以热带作物为研究对象的少见报道。热带地区拥有独特的气候和资源条件，重金属胁迫下，热带作物具效应，重金属在土壤—热带作物中的迁移、转化、富集等环境行为是不是与非热带地区的规律一致，是否能从热带植物中筛选出土壤重金属污染的指示植物，前人并未做过深入研究。镉、铅不是植物生长的必需元素，它们在土壤中的过量存在会否影响热带牧草的生长发育，国内外相关报道甚少。

随着工业、农业、旅游业等发展，各类污染物的排放影响牧草品质。对于牧草—肉乳产品—人食物链而言，主要危害是以牧草被采食的方式和途径使重金属污染物进入动物体内，进一步危害人体健康。因此，研究热带牧草受重金属污染水平及关系，正确评价各类重金属胁迫效应，对于科学处理并控制这些危害因子，建立热带牧草饲料安全体系具有重要意义。

因此，本研究选择热带地区广泛种植的热带牧草为研究对象，研究重金属镉、铅对热带牧草的毒理效应及其机理，并进而探索在重金属镉、铅污染区种植所研究的热带牧草，并进行生态修复的可能性。

1.1.2 课题研究的意义

近年来，人们的饮食结构发生巨大变化，我国对草食畜产品的需求量在不断增加。热带牧草（如坚尼草、柱花草等）为人工饲养动物的食用类草本植物，牲畜采食重金属污染植物后，吸收的重金属会通过食物链逐级富集对人体健康造成威胁。土壤重金属污染区种植热带牧草的生态风险为多大，是值得重视的问题。目前，人们对重金属胁迫下热带牧草生长效应的研究未引起足够重视。为提高热带牧草的品质，实现热带地区畜牧业的清洁生产，有必要从热带牧草生长的整个生命周期进行研究，探索重金属污染对热带牧草生长的胁迫效应。因此，本研究具有重大的现实意义。

另外，本研究通过重金属在土壤—热带牧草系统中的迁移、富集等环境行为与毒理学研究，尝试在热带地区寻找能够具有较强重金属抗性与耐性的牧草品种并探讨其机理，为合理进行城乡产业结构调整和有效开展生态环境建设提供理论依据，并可为热带地区重金属污染土壤的植物修复研究提供数据支撑与补充。因此，本研究具有重要的理论研究价值。

本研究主要以热带牧草为研究对象，探讨了重金属镉、铅及其交互作用对热带牧草生长、生理生化等的影响，并深入研究了重金属形态的变化及植物富集重金属的能力，这在国内尚属首次，可丰富生态毒理学及环境修复研究的内容。

1.2　研究内容

本研究的主要内容包括以下几个方面：

(1) 研究重金属镉、铅单一胁迫及其交互作用对禾本科牧草（坚尼草）和豆科牧草（柱花草）种子萌芽的影响，探讨水培和土培两种不同条件下，重金属对两种牧草发芽率、发芽势、胚根、胚芽、发芽指数和活力指数等的影响；

(2) 研究重金属镉、铅单一胁迫及其交互作用对坚尼草生长的影响，探讨重金属胁迫下对坚尼草株高、地上部生物量、地下部生物量的影响及其变化情况；

(3) 研究坚尼草对镉、铅及其交互毒害作用的生理响应，探讨重金属胁迫对坚尼草体内叶绿素、SOD、CAT、POD、Pro 等的影响，以期初步分析坚尼草对镉、铅的抗性与耐性机制；

(4) 研究重金属污染对坚尼草品质的影响，探讨重金属对粗蛋白、粗灰白、粗脂肪、粗纤维等指标的影响，以了解重金属污染土壤中种植的坚尼草质量是否影响畜牧业生产；

(5) 研究重金属在土壤—坚尼草系统中的迁移、转化规律，分析不同形态重金属在土壤中的含量变化，探讨重金属在坚尼草中的富集程度，并利用逐步回归法分析土壤中重金属含量与牧草生物量、牧草富集的重金属含量等的相关关系。

1.3　技术路线

本研究选取热带地区海南省酸性砖红壤，用以评价重金属镉、铅及其交互作用对典型热带牧草生长的影响，并研究重金属在土壤和热带牧草中的残留积累规律。以坚尼草为研究重点，展开系统的试验与分析研究；同时，兼以探讨重金属胁迫对柱花草种子萌发的影响。具体的技术路线如图 1－1。

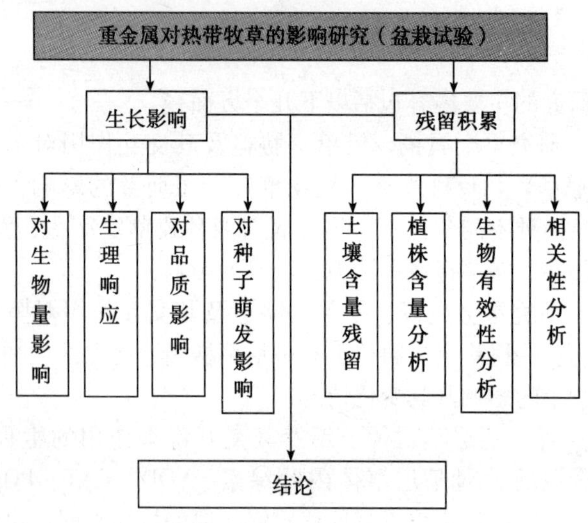

图 1－1　研究的技术路线

第2章　热带牧草概况

草地是人类赖以生存和发展的资源。从原始社会到现代社会，草地为人类提供生产和生活资料，见证了人类发展、经济兴衰与社会文明的发展。牧草是从栽培的植物中分化出来的一类特殊植物，是发展畜牧业的物质基础。人们早先利用牧草饲养家畜，继而用于改良农田，后来用于绿化和水土保持，牧草在农业生产、生态环境保护等方面起着重要作用。

2.1　发展牧草的意义

2.1.1　牧草的经济价值

牧草是农牧结合的桥梁和纽带。农业生产包括种植业、畜牧业和土壤耕作三大环节。种植业是通过栽培植物（作物）利用自然界的光、热、二氧化碳、水分和各种矿物质，把太阳的光能转化为农业产品中的化学能。这是农业生产的第一个环节。植物产品中，只有1/4可以被人类所利用，这就是人类可以食用的部分和可以利用的一些轻工原料，其余3/4为根、茎、叶、糠麸等人类不能利用的部分，而畜牧业则可以利用这一部分以生产畜产品，从而成为农业生产中的第二个环节。家畜只能利用所食饲料中的一部分，不能利用的就排出体外成为粪尿。人们通过土壤耕作把残茬、枯枝落叶以及作为肥料施入的粪尿翻入土中，通过微生物的分解又成为植物生长所必需的养料。所以，土壤耕作就成为农业生产的第三个环节。由此可见，要使农业发展必须有充足的粪肥和畜力，而为了发展畜牧业又必须生产充足的饲草料。可以说，栽培牧草是农牧结合的纽带和桥梁。因此，在条件适宜的地区，要提倡实行粮食作物和栽培牧草轮作。农业离不开畜牧业，畜牧业也离不开农业，两者相互依存，相互促进，其中心一环就是饲草饲料。种草不仅可以养畜，促进畜牧业的发展，而且可以提高土壤肥力，有更多的粪肥，做到多种多收，促进农业的发展，使农业和畜牧业均能获得增产增收。

发展畜牧业离不开牧草。没有充足的牧草，就不可能有高产优质和稳定发展的畜牧业。牧草可以为发展畜牧业提供丰富的饲料营养。虽然粮食可作为饲料利用，但作为畜牧业生产中的主要对象——草食动物来说，牧草具有无可替代的作用。畜牧业生产的蛋白质来源主要是植物性蛋白质。在相同的生长期内，牧草单位面积的营养产量和蛋白质产量都比粮食作物高。所以，人工种植的牧草和草原是畜牧业发展的基础，对畜牧业的发展起着决定性的作用。

现代畜牧业是集约化经营的草地畜牧业，在整个生产流程中，草料是基础，它限制和规定了畜牧业发展的规模和速度，也制约着草地畜牧业的集约化程度。牧草尤其是人工种植的牧草不仅产量高、稳定，而且营养丰富，富含畜禽所需的蛋白质、维生素和其他营养物质，粗纤维含量低；柔嫩多汁，适口性好，易消化，可青饲、青贮、糖饲；可调制干草、草粉、草块、颗粒饲料和放牧；可提取蛋白；其籽粒还可代替粮食作精料，均为各种畜禽所喜食。由于更充分利用了气候资源、土地资源和生物资源，因此，生物量和营养物质大幅度提高。由于人工种草选用了优良牧草种和品种，采用了技术密集型栽培措施，因此，产投比得到最高回报，从而获得高额效益。国内外的经验告诉我们，解决草畜矛盾的根本出路在于建立稳产、高产、优质的人工草地。人工种草是解决由于人畜共粮而导致的我国饲料粮短缺问题的根本途径，在现代畜牧业的集约化草料生产经营中将起到主导作用。这种作用体现在为畜牧业提供高产优质的饲草饲料；为发挥优良畜种的生产性能提供物质保障；是现代畜牧业集约化经营的前提；是稳定畜牧业周年高效均衡发展的物质基础。

2.1.2　牧草的社会价值

随着人口的增长、经济的发展、人们生活的改善与对肉奶产品的需求，食物生产与食物资源的开发已成为 21 世纪中国社会可持续发展与农业对策的重要课题。中国淮河—秦岭以南，青藏高原以东的南方区域，不仅是中国富饶的鱼米之乡，而且有大面积的草山草坡，加上温暖湿润的气候，具有发展农区畜牧业的优越条件，只要采取切实措施就有可能成为中国重要的食草性牲畜生产基地，成为解决中国食物安全问题的重要组成部分。所以，南方畜牧业的发展也将日益重要和紧迫。

中国南方人多地少，土地总面积仅为全国的 1/4，而人口则接近全国的 1/2，人均占有土地 0.49hm^2，为全国人均土地面积的 1/2，为世界人均土地面积的 1/7。全区人均耕地面积为 0.067hm^2，比全国人均耕地面积少 1/3，而为世界人均耕地面积的 1/5。随着人口的增加，以及耕地的非农业占用，中国耕地面积将以每年 20 万 hm^2 的速度减少，而人口在未来 10～20 年则以每年 1 000万以上速度增加，人们的营养结构也在不断提高，这势必加重资源与环境的承载力，也决定了中国农业必须走资源高效持续利用的路子，建立新型农业生产系统。2004 年 3 月 10 日，温家宝总理也提出："重点抓好节约利用资源，大力发展循环经济"。如果改变生产方式，将部分资源用来直接生产牧草，发展畜牧业，可降低系统生产的能量消耗，以实现资源高效持续利用。

除资源总量的限制外，中国资源的时空布局也非常不均。南方的水、热资源丰富，但光照相对比北方少，年日照率仅为40% ~50%。因此，在南方每年都有一些季节不利于收获籽实的作物生长，但非常有利于收获营养体的作物生长。同时，南方农区的畜牧业仍在不断发展，经济效益较好，尤其是草食畜禽和水产养殖。如果能充分利用南方的水热资源，减轻北方的资源压力，进行更大范围的种草，则有利于全国生态环境的改善。改革南方农区传统的农业生产模式，发展草业，种植牧草，养殖草食动物，提高资源利用率和农业的综合效益。所以，发展南方农区草业，将有利于资源的合理高效利用，实现农业的可持续发展。

2.1.3 牧草的生态价值

种草植树是实现生态系统良性循环的重要环节。草场是重要的碳汇资源，具有调节气候、涵养水源、保持水土、防风固沙、净化空气、改良土壤、培育肥力、土壤复垦的能力，并可从大气和土壤中吸收不利于人们生活的有害物质，如 CO_2、CO、SO_2、SO_3 等。草地宛如一个巨大的恒温器，能调节气温，尤其是在干旱沙漠地区，有显著的降温作用。据测定，夏季的烈日照射，草地温度上升较裸露黄土缓慢，两者相差达 1/2 ~ 1/3。大片草地由牧草的蒸腾而散发出大量水蒸气可增加空气湿度，降雨时又可有效地拦蓄降水。草有较强的适应性，能在多种不良环境下生长，可以产生较高的光能生产率，获得较多的营养体。保护环境的能力，尤其在快速恢复水土流失区、严重退化的草地、撩荒地、矿业废弃地和矿渣的植被方面，人工种草具有特别优异的能力。

草的根系发达，而且主要都是直径≤1mm 的细根，实验表明，直径≤1mm 的根系具有强大的固结土壤、防止侵蚀的能力。另外，草本植物大量的地表茎叶的覆盖，可以减少降雨对地表的冲刷。所以，草本植物被称为保水固土、防风固沙的勇士。在我国南方桉树林下，由于桉树的物理作用及其分泌物的化学作用，尽管大树成林，但林下灌木与草本层缺乏，大雨过后，也照样有严重水土流失，照样会成为光板地。

牧草可以培肥土壤。没有肥沃的土壤，就不会有茂盛的植物，种植业的可持续发展取决于农田地力的可持续利用。人们从事农业生产，就要达到高产优质高效益，就要不断保持和培肥地力。牧草可以改良土壤，提高地力，减少化肥的使用量和流失，从而有效地保护生态环境。牧草的根系发达，可以很好地疏松土壤，改善土壤的通气透水状况，深入心土，改造心土，加深活动层，将土壤深层的氮、磷、钾等带到表层，为表层土壤积累丰富的养分；同时，根系还不断向土壤中排出各种分泌液，再加上土壤中又有丰富的有机质，因而，为土壤微生物的活动和繁殖创造了良好的条件，使土壤微生物的数量显著增加，活动大大加强，有利于积累氮素，转化有机物，从而提高土壤肥力。牧草茎叶繁茂，株丛密集，其密度比一般作物要大。牧草所形成的地面覆盖草地可以减少雨水冲刷和地面径流，保护裸露的土壤免遭风蚀和水侵蚀，防止降雨后出现结壳，降低地表径流。灭杀（机械或化学方法）后形成的残留物覆盖层也可增加土壤透水性和降低水分蒸发。它还可以形成地表小气候环境，例如，草地可截留降水，且比空旷地有较高的渗透率，对涵养土壤中的水分有积极作用。据试验，冰草的降水截留量可达50%；由于草地的蒸腾作用，牧草具有调节气温和空气湿度的能力，与裸地相比，草地湿度一般比裸地高20%左右；由于草地可吸收辐射外地表的热量，因此，夏季地表温度比裸地低3～5℃，而冬季相反，草地比裸地高6～6.5℃。所以，冬季、晚秋和早春，牧草覆盖保温，可略增加地温，减轻霜冻寒害，夏季牧草可覆盖遮荫，降低地温，减少土壤水分的强烈蒸发。同时，由于土壤水分和湿度的增加，也可减轻干旱的威胁。种植牧草及绿肥可以起到降低土壤交换性铝，并相应地增加交换性钙、镁的作用。相关分析表明，土壤中胡敏酸的含量与土壤交换性铝的含量呈极显著负相关关系。此结果证明，长期种牧草及绿肥可以使得土壤腐殖质特别是胡敏酸大量积累，对铝进行络合、吸附，从而使铝的活性降低，起到了削弱铝毒的作用。

牧草可保持水土，防止土壤盐碱化，恢复受污染土地，保证土壤可持续利用。地表为草层所覆盖，减少了地表径流，水土得以保持，土壤肥力逐年提高。无论是柱花草、臂形草还是王草均有较好的培肥效果，其中，豆科牧草优于禾本科牧草，种植时间长的优于种植时间短的，豆科牧草中又以枝叶密集，匍匐地面的柱花草培肥效果最好。由于多年生牧草枝叶密集，根系发达，对地表全覆盖，也起到了很好的护坡和防止土壤侵蚀的作用。而在干旱地区的冬闲田种植越冬性一年生牧草，一方面，可以提高冬春季节的光能利用率，多收一茬饲草；另一方面，由于越冬牧草返青早，在沙尘暴发生前已长到一定高度，可以覆盖地表，减少或防止起沙。

2.2 主要热带牧草概述

目前，热带牧草中研究较多的有豆科的柱花草、山蚂蝗、决明、合萌等，禾本科牧草主要有狼尾草属（包括象草、王草、矮象草、杂交狼尾草、美洲狼尾草等）、坚尼草、臂形草、雀稗等。针对本书的主要研究对象，本章主要对柱花草和坚尼草作简要介绍。

2.2.1 柱花草概述

热研 2 号柱花草（*Stylosanthes guianensis* cv. Reyan No. 2），

别名 184 柱花草、184 笔花豆；英文名为 *Brazilian lucern*、*finest-em stylo*、*Stylo* 等。细胞染色体数 $2n=20$。热研 2 号柱花草原产于南美洲，于 1973 年由国际热带农业中心（CIAT）农艺学家 *Rainer Schultze* 在哥伦比亚采得，并保存于 CIAT 种质库中，编号 CIAT184。后引种到南美、中美诸国以及亚洲的马来西亚、菲律宾和泰国。中国于 1982 年由 CIAT 引进，经多年试种，于 1991 年通过全国牧草品种审定委员会审定，并登记定名为热研 2 号柱花草。现已大面积推广到海南、广东、广西和福建四省，云南省、湖北省也有少量引种。

2.2.1.1　形态特征

热研 2 号柱花草属多年生半直立草本，根系深而发达，主根及侧根均着生根瘤。茎被茸毛，高 1.0 ~ 1.5m，基部茎粗 0.25 ~ 0.30cm。叶为三出复叶，略被茸毛，小叶长椭圆形，中间小叶较大，长 3.0 ~ 3.8cm，宽 0.5 ~ 0.7cm，青绿色，叶柄长 0.5 ~ 0.6cm，两侧小叶较小，长 2.2 ~ 3.5cm，宽 0.5 ~ 0.7cm；托叶合生成鞘状，上部 2 裂，呈浅红色。穗状花序顶生或腋生，1 ~ 4 个花序着生成一簇，每个花序有小花 10 ~ 16 朵，花冠黄色。荚果棕褐色，肾形至椭圆形，长 2.1 ~ 3.0mm，内含一粒种子；种子乳黄色，肾形，长 2.0 ~ 2.4mm，宽 1.1 ~ 1.5mm。

2.2.1.2　生物学与生态学特性

热研 2 号柱花草喜潮湿的热带气候，在年均温度大于 21℃、年降雨量超过 1 000mm 的地区生长良好；最适生长温度为 25 ~ 28℃，低于 10℃时开始受害，0℃时叶片脱落，－2.5℃时植株冻死。耐酸性瘦土，能在 pH 值 5 ~ 5.5 的各类土壤上生长。耐干旱，但不耐水渍，不耐火烧。抗炭疽病能力强。对 2，4-D 除草剂有较强的抗性。

该种为短日照作物，在中国南部种植，开花较早，向北则延迟开花。在海南三亚市（18°10′N）种植，9 月下旬始花，10 月中旬盛花，花期长达90天，12月下旬种子成熟，由于花期温度适宜（约25℃），利于开花、授粉、结籽，种子产量高。在广东揭西（23.5°N），10月初始花，11月中盛花，12月至翌年1月种子成熟，由于花期受低温影响，种子发育不良，产量低。

花序为无限花序，自花授粉，花序的形成及小花的开放自下而上，据在海南三亚市的观察，每天开花时间为早上7：30~10：30，以9：30开花最盛。从授粉到种子成熟需27~30天。荚果成熟后，易脱落。

热研2号柱花草初期生长缓慢，易被杂草覆盖，移栽2~3个月后，随着根系的生长，产生大量的根瘤，固氮能力不断增强，地上部分生长迅速，很快形成由许多二、三分枝交织而成的厚层覆盖，能压制杂草的生长。

2.2.1.3 饲用价值

热研2号柱花草营养丰富，富含蛋白质及各类氨基酸，是中国热带及南亚热带地区重要的蛋白质饲料。可同坚尼草（*Panicum maximum* Jacq.）、狗尾草（*Setaria sphacelata* Stapf & C. E）、俯仰臂形草（*Brachiaria decumbens* Stapf）等混播，建植优质人工草地，供放牧利用；也可刈割青饲或晒干后生产干草粉，新鲜的柱花草牛、羊、鹿、兔喜食，也可喂鱼。干草粉可作为蛋白质饲料添加到各类畜禽的饲料中，以节约精料用量，降低饲料成本。试验证明，在鸡日粮中添加5%，猪日粮中添加10%~15%的干草粉，饲养效果良好。

此外，热研2号柱花草还是一种优良的绿肥覆盖作物，种植于幼龄胶园、果园等热带作物种植园中，不但可以获得一定的青饲料，而且还可防止土壤冲刷，减少种植园的水土流失；压制杂草，减少除草用工；涵养土壤水分，缓解干旱对主作物的影响；提高土壤肥力，促进主作物的生长。

2.2.1.4　栽培技术

用种子繁殖。中国热带农业科学院热带牧草研究中心经多年研究，已形成一套完整的栽培技术。

（1）种子处理

用 80℃热水浸种 3～5min，以提高种子的发芽率，然后将种子放入 0.1% 的多菌灵溶液中浸泡 10～15min，以杀死种子携带的炭疽病菌，在新植地区，宜用柱花草根瘤菌拌种。

（2）播种

作为种子生产时，宜采用育苗移栽法，苗圃要求整地精细。施有机肥 7 500kg/hm^2，土杂肥 7 500kg/hm^2，过磷酸钙 225kg/hm^2。每公顷苗床播种 37.5～52.5kg，播后每天淋水保湿。建植人工草地或青饲料生产基地时，宜先进行地面处理，使地面充分暴露后，宜在雨季初期进行播种，每公顷播种量 7.5kg，施过磷酸钙 225kg。

（3）移栽

播种后 45～50d，苗高 15～20cm，即可定植，抢阴雨天定植，成活率高。作为青饲料生产，株行距为 70cm×70cm，或 80cm×80cm；作为种子生产，株行距为 80cm×80cm、90cm×90cm，或 80cm×100cm。

（4）施肥及管理

定植时，施过磷酸钙 50～225kg/hm^2，土壤瘦瘠时，宜将过磷酸钙与腐熟有机肥混合作为基肥施用。土壤 pH 值≤5.5 时，宜增施适量的熟石灰以调节土壤酸碱度。在高温多雨季节，宜用 0.2%～0.3% 的多菌灵溶液喷施，以防炭疽病的发生流行（饲料基地或人工草地不用）。

（5）刈割

种植当年，株高 68～80cm 时，进行第一次刈割，刈割高度 30cm，割后若植株再生良好，还可在 11 月份前进行第二次刈割，以后每年刈割 3 ~4 次。

（6）种子收获

热研 2 号柱花草花期长，种子成熟不一致，并且成熟后会自行脱落，难以机械收获。目前最好的收获方法是，待 85% 以上的种子成熟时，割去植株地上部分，堆集成行，用木棍将种子打落地上，用特制的扫把将地上的种子扫回，经风选后除去细沙和杂物，再经 1 ~2 次人工筛选（或水选）后，晒干装袋贮藏。

2.2.1.5　其他栽培种和品种

2.2.1.5.1　热研 5 号柱花草

热研 5 号柱花草（*Stylosanthes guianensis* cv. Reyan No. 5）为多年生草本豆科牧草，自然高 0.8 ~1.3m，茎粗 3 ~5mm，多分枝，叶为羽状三出复叶，小叶长椭圆形，中间小叶较大，长 2.1 ~2.8cm，宽 0.4 ~0.6cm，两侧小叶较小，长 1.3 ~2.4cm，宽 0.3 ~0.5cm。复穗状花序顶生，每个花序具小花 4 至数朵，花冠蝶形，黄色，单体雄蕊 10 枚，长短二型花药相间而生，花柱细长，弯曲，子房包被萼管基部。荚果小，褐色，内含 1 粒种子；种子肾形，种皮黑色，具光泽。种子千粒重 2.05 ~2.2g。该品种适于中国热带、南亚热带地区种植。耐干旱，在年降雨量 700 ~ 1 000mm的地区生长良好；耐酸性瘦土，在 pH 值4.5 左右的强酸性土壤仍能茂盛生长；稍耐寒冷和阴雨天。在海南省，冬季低温（5 ~10℃）潮湿气候条件下能保持青绿；该品种属早熟品种，开花所需平均日照时数 <12.2h，在海南儋州地区种植，9 月底至 10 月中初花，10 月下旬盛花，11 月下旬种子开始成熟，一般比热研 2 号柱花草提前 25 ~40d 开花，种子产量高 20% ~40% 以上。较适生长于年平均气温 20 ~ 25℃、年降雨量 1 000mm以上无霜地区。牧草产量，一般产干草 11 250 ~15 000kg/hm^2。干物质含粗蛋白质 16.4%，富含维生素和多种氨基酸，适口性好。既可作为建植人工草地和改良天然草地的主要

牧草品种，又可在旱粮坡地、林果园种植及保持水土。适作青饲料，晒制干草，制干草粉或放牧各种草食家畜、家禽等。

2.2.1.5.2 热研 7 号柱花草

热研 7 号柱花草（*Stylosanthes guianensis* cv. Reyan No.7）为多年生直立草本植物，株高 1.4 ~ 1.8m，冠幅 1.0 ~ 1.5m，多分枝，叶为羽状三出复叶，小叶长椭圆形，中间小叶较大，长 2.5 ~ 3.0cm，宽 0.5 ~ 0.7cm，两侧小叶较小，长 1.0 ~ 1.4cm，宽 0.4 ~ 0.6cm。茎、枝被有茸毛。复穗状花序。荚果小，浅褐色，内含 1 粒种子；种子肾形，浅黑色，千粒重 2.0 ~ 2.3g。喜热带潮湿气候，生长旺盛，适于年平均气温 20 ~ 25℃、年降雨量 1 000mm以上无霜地区种植。该品种属晚熟品种，开花所需平均日照时数 <11.2h，在海南儋州地区种植，11 月中初花，11 月下旬盛花，12 月下旬种子开始成熟。耐旱、耐酸瘠土，抗病，但不耐荫和渍水。

主要用种子繁殖，直播用种量为 7.5 ~ 18.75kg/hm^2。

可用于建立人工草地和青饲料地。作为青饲料生产一年可刈割 2 ~ 3 次，年产干物质 15t/hm^2。干物质粗蛋白质含量 16.8%，可利用荒山荒地、椰园和果园种植。适作青饲料，晒制干草，制干草粉或放牧各种草食家畜、家禽。

2.2.1.5.3 热研 10 号柱花草

热研 10 号柱花草（*Stylosanthes guianensis* cv. Reyan No.10）为多年生直立草本豆科植物，喜热带潮湿气候，适于年平均气温 20 ~ 25℃、年降雨量 1 000mm以上无霜地区种植，株高 1.0 ~ 1.3m，冠幅 1.1 ~ 2.2m，分枝数中等。叶为羽状三出复叶，小叶长梭形、倒披针形及纺锤形，中间小叶较大，长 3.3 ~ 4.5cm，宽 0.5 ~ 0.7cm，两侧小叶较小，长 2.5 ~ 3.5cm，宽 0.4 ~ 0.6cm。茎、枝、叶被有小茸毛。复穗状花序。荚果小，深褐色，内含 1 粒种子；种子肾形，浅褐色，千粒重 2.93 ~ 3.21g，抗炭疽病及耐寒能力比热研2号柱花草强。该种属晚熟品种，开花所需平均日照时数<11.2h，在海南儋州地区种植，11月下旬初花，11月底盛花，12月底种子开始成熟。利用期比热研2号柱花草延长15d左右，具有重要推广应用价值。

主要用种子繁殖，播种量为7.5~18.75kg/hm^2，耐旱、耐酸瘠土，抗病，但不耐荫和渍水。

可与旗草、坚尼草、非洲狗尾草等禾本科牧草混播，建立人工草地。作为青饲料生产一年可刈割2~3次，年产干物质15t/hm^2。干物质粗蛋白质含量15.4%~17.5%，可利用荒山荒地、椰园和果园种植。适作青饲料，晒制干草，制干草粉或放牧各种草食家畜、家禽。

2.2.1.5.4　热研13号柱花草

热研13号柱花草（*Stylosanthes sympodialis* cv. Reyan No. 13）为多年生直立草本，株高1.0~1.3m，冠幅1.1~2.2m，分枝数中等。叶为羽状三出复叶，小叶长梭形、倒披针形及纺锤形，中间小叶较大，长3.3~4.5cm，宽0.5~0.7cm，两侧小叶较小，长2.5~3.5cm，宽0.4~0.6cm。茎、枝、叶被有小茸毛，营养期叶梢红紫色明显。该品种自花授粉，复穗状花序顶生，每一个花序具小花4~6朵，蝶形花冠，米黄色，翼瓣深黄色，花瓣直径0.6~0.7cm。荚果小，深褐色，内含1粒种子；种子肾形，浅褐色，千粒重2.93~3.21g，发芽率95%以上。

该品种喜湿润的热带气候，适于中国热带、南亚热带地区种植。耐干旱，在年降雨量1 000mm左右的地区生长良好；耐酸性瘦土，耐寒，在海南冬季仍保持青绿，开花迟，为高产、高蛋白、抗病、晚熟柱花草品种，开花所需平均日照时数<11.2h，在海南儋州地区种植，11月下旬初花，11月底盛花，种子于12月底开始成熟。

2.2.1.5.5　西卡柱花草

西卡柱花草（*Stylosanthes scabra* cv. Seca）为多年生亚灌木状草本豆科牧草，直立或半直立，株高 1.3 ~ 1.5m，基部茎粗 0.5 ~ 1.5cm，多分枝，被长或短刚毛，略带黏性；叶鞘下部与托叶合生，托叶下部膜质，上部渐尖成尖状，掌状三出复叶，叶柄长 5.5 ~ 8.5mm，小叶长椭圆形至倒披针形，侧脉羽状，明显，密穗状花序顶生或腋生。荚果小，褐色，种子肾形，黄色，具光泽。西卡柱花草适合中国热带、南亚热带地区推广种植。该品种属早熟品种，开花所需平均日照时数 < 13.1h，在海南儋州地区种植，7 月中下旬初花，8 月上旬盛花，8 月下旬至 9 月初种子开始成熟。其根系发达，且分布深广，可吸收深层土壤中的水分和养分，因此，极耐干旱，可生长在年降水仅为 500mm 的地区。对土壤的适应性广泛，耐酸瘦土壤，在沙土至沙质壤上自然传播良好，在土壤 pH 值为 4.0 ~ 4.5 的酸性土壤和滨海沙滩涂地种植可茂盛生长。耐火烧，火烧过后尽管地上部分大部分死亡，但植株基部或根部能很快抽芽生长，落地种子亦能在雨后发芽生长。抗炭疽病，比一般柱花草耐寒、耐牧，也耐瘠薄和酸性瘦土，适应性强，但不耐荫和渍水。牛羊适口性好，与禾本科牧草亲和较好，固氮能力较强，可与旗草等禾本科牧草混播，建立优良的人工草地。

播种方式：撒播或条播均可，播后不用覆土。在人工草地建设或天然草地的良种化改造中，一般采用直播的方式，按“热研 2 号柱花草 + 有钩柱花草 + 西卡柱花草 + 臂形草 + 大翼豆”的草种组合进行撒播。播种量：一般种子直播的播种量为 7.5 ~ 15.0kg/hm^2，西卡柱花草的鲜物产量一般在 15 500kg/hm^2，干物质粗蛋白质含量为 14.7%。

2.2.1.5.6　有钩柱花草

有钩柱花草（*Stylosanthes hamata* cv. Verano）为一年或跨年

生草本植物，株高 80～100cm。三出小叶，中间小叶叶柄较长，小叶披针形，浅绿或绿色，花淡黄色。茎秆一侧有白色的短绒毛。花序穗状，荚果具 2 节，顶端一节有 3～5mm 长环状小钩，下端节的钩不明显。种子褐色、肾形，种皮厚实，发芽率低，每千克种子 27.2 万荚。种子产量高，一般年产种子 450～900kg/hm^2。

该品种适应性强，比圭亚那柱花草耐旱，在年雨量 1 000mm 的热带地区能正常生长，自行繁衍，对土壤要求不严，耐瘠、耐酸、抗病虫。对根瘤接种要求无特殊要求。具数量短日照效应。苗期生长缓慢，播后 60d 后生长迅速，可很快形成厚密草层覆盖地面，抑制杂草生长，防止水土流失。用种量 15kg/hm^2。在海南儋州地区种植，对施磷肥反应良好。生长季节前期放牧对种子产量无不良影响。该品种具无限生长习性，分枝联生，生长点周围环生腋芽，于生长点开花后形成次级分枝，是热带豆科品种中种子产量最高的品种之一。该种属早熟品种，开花所需平均日照时数 <13.0h，在海南儋州地区种植，5 月下旬初花，6 月份盛花，7 月份后不断有种子成熟，直到翌年 1 月可收获全部种子。该品种适合在干旱地区与大翼豆、旗草等牧草混种建立人工草地，大量落种后草地经久不衰。该品种品质优，适口性好，除放牧利用以外，还可加工成草粉，也可用于果园覆盖和水土保持。其缺点是：不耐霜冻，粗纤维含量较高，鲜草产量较低，一般年产鲜草在 30t/hm^2 左右。

2.2.1.5.7　格拉姆柱花草

格拉姆柱花草（*Stylosanthes guianensis* Sw. cv. Graham）为多年生植物，茎直立、多分枝，茎长 80～170cm，自然株高 60～120cm。在放牧情况下成匍匐状。侧枝斜生，茎枝较库克柱花草短软。叶深绿色，中间小叶无柄。花小、深黄色。属早熟品种，开花所需日照时数 <12.7h，在广西南部 10 月中旬开花，12 月

种子成熟。比库克、斯柯非品种早熟，产种量较高。低温、多雨气候结实不良，种子成熟不一，易脱落，收种较困难。耐寒性较强，轻霜茎叶仍保持青绿。幼苗生长缓慢，耐热和耐旱性也较差。抗炭疽病较强，但比热研 2 号弱，宜与大适大黍、非洲狗尾草、糖蜜草等混播，也可补播改良天然草地。全株被茸毛，青饲适口性较差。不耐重牧，适宜晒制干草或青刈利用。鲜草产量 30 000 ~ 45 000kg/hm^2，籽实产量 450kg/hm^2。在海南儋州地区种植，8 月底初花，9 月初盛花，9 月中下旬种子开始成熟。由于经过多年栽培后，目前，该品种的抗炭疽病能力下降，已成为高感病品种，在生产上已淘汰基本不用。

2.2.1.5.8　907 柱花草

907 柱花草（*Stylosanthes guianensis* cv. 907）是从热研 2 号柱花草群体中筛选出较抗病的单株，经过钴 60 辐射处理育成的抗炭疽病新品种，为多年生草本，根系发达，主根及侧根均着生根瘤，株高 100 ~ 197cm，分枝能力强，叶青绿色，花黄色，荚果小，种子肾形，千粒重 2.28g。鲜草产量为 28 500 ~ 51 000kg/hm^2，比原推广品种增产 12% ~27%。该种属中熟品种，开花所需平均日照时数 <11.7h。在海南儋州地区种植，10 月上旬始花，10 月下旬盛花，11 月下旬至 12 月种子开始成熟。种子产量比原推广品种增产 27.4% ~65.5%。经人工接种及大田调查，证明该品种具有较强的抗炭疽病能力。同时，较耐干旱，耐酸性瘦土。907 柱花草营养丰富，适口性好，牛、羊、兔、鱼、鹅等均喜食。

2.2.2　坚尼草概述

坚尼草（*Panicum maximum* Jacq.），别名羊草、大黍、几内亚草；英文名为 buffels grass、panic-grass、Guines-grass、coloniao grass、sabi panicum 等；西班牙文名为 granla castilla、hierba de Guinea，细胞染色体 $2n = 32$、48。坚尼草原产热带非洲，在 18

世纪中叶已由非洲传入拉丁美洲，现广泛种植于全世界的热带和亚热带地区。印度、斯里兰卡、马来西亚、印度尼西亚、澳大利亚等均有大面积栽培。中国在抗日战争前已引入广州少量栽培，现在广东、广西、海南分布较广。凡引种栽培过的地区，常可看到逸生的坚尼草。

2.2.2.1 形态特征

坚尼草为禾本科黍属多年生、簇生的高大草本。根系强大，近地面处分布成网状，深可达1.5~3.5m。株高1~3m。秆直立，稍粗壮，直径约1cm；茎光滑，有蜡粉，节上密生柔毛。叶片宽线形，长20~60cm，宽1~5cm，腹面近基部被疣基硬毛，毛长0.3~0.4cm，边缘细锯齿状，顶端长渐尖，基部阔，向下收狭呈耳形或圆形；中脉下部明显，有浅沟，每边有叶脉8条；叶面疏生茸毛，叶背无茸毛；叶鞘具蜡粉，疏生疣基毛，毛长0.2~0.3cm；叶舌膜质，长约1.5mm，被长纤毛；叶耳缺。圆锥花序大，开展而稀疏，长25~40cm；主轴粗，直立，具条纹；分枝纤细，斜向上，下裸露，基部有1~3层分枝轮生，腋内疏生柔毛，小穗长圆形，长约3mm，无毛，呈绿色，顶端尖，略带紫色；第一颖卵圆形，长约小穗的1/3，具3脉；第二颖与小穗等长，具2脉；雄蕊3枚，花丝极短，白色，花药暗褐色，长约2mm；第二小花的外稃长圆形，革质，长约2.5mm；内外稃表面均具横皱纹。谷粒长0.20~0.25cm。

2.2.2.2 生物学与生态学特性

坚尼草为多年生禾本科牧草，适应性强，在从海平面到海拔2 000m左右的地区均能生长。在年降雨量为1 000~1 800mm地区的各类土壤上都可以栽培。喜湿热气候，以高温多雨，土壤肥沃的地区栽培较为适宜。不耐寒，怕霜冻，当温度为-7.8℃即可冻死。耐旱耐热性强，在高温干旱的情况下也不会枯死。不耐涝，耐荫蔽，可间作于种植园内，但若荫蔽度太大，则分蘖少，生长纤细。耐火烧，火烧后两个月即可恢复生长，单株分蘖 99 个，草层高 60 ~ 100cm，烧后 4 个月单株分蘖 141 个，草层高 2 ~ 2.6m，一次性测产产鲜草 51.3t/hm^2。坚尼草不耐重牧，如果连续啃食至地面，则会死亡。

坚尼草生长快，分蘖旺盛。种植 1 个月后即大量分蘖。在海南 6 ~ 9 月生长最快。在未刈割的情况下，每株通常有分蘖 30 ~ 40 个，当年刈割 3 ~ 6 次，分蘖数 76 ~ 148 个。第二年以后，分蘖数通常为 75 ~ 85 个。刈割频率太大会影响其生长。在热带地区能保持青绿过冬，但生长缓慢，特别是于冬季刈割后，叶形变小，分蘖纤细，生长量很低。在通常栽培条件下，产鲜草 45 ~ 75t/hm^2。

坚尼草在海南一般在 7 月中旬至 8 月中旬大量抽穗开花，8 月底到 9 月种子成熟，成熟程度不一致，即使同一穗上的种子也是如此，种子成熟后易脱落，收种较为困难。坚尼草对施肥反映良好，特别是对氮肥反应敏感，施肥后可明显增加产量。

2.2.2.3　饲用价值

坚尼草叶片柔软，适口性好，各种牲畜均喜食，尤适于喂牛，为优质牧草。坚尼草生长快，产量高，叶量大，茎秆所占比例小，饲喂家畜时，利用率高，适合作青饲料，也可以用来晒制干草或调制青贮料，或放牧利用。在株高 60 ~ 90cm 时刈割，营养最丰富，株高 1 ~ 1.5m 时刈割产量最高。其营养价值随草龄的增加而迅速下降。若用于放牧，可与蝴蝶豆（*Centrosema pubescens* Benth.）和柱花草（*Stylosantyes guianensis* Aublet Swartz.）混播，但须轮牧。

此外，坚尼草还可种在梯田边、排水沟边、水渠边或斜坡地，有保护梯田、河堤，防止水土流失和抑制杂草蔓延的作用。

2.2.2.4　栽培技术

2.2.2.4.1　栽培方式

坚尼草可用种子繁殖，也可用分株进行无性繁殖。坚尼草对土壤要求不严，一般的土壤均可种植，但种植前必须充分犁耙整地。

（1）种子繁殖。在华南地区一般用种子繁殖，整地需精细，最少一犁两耙，于每年5～9月播种为宜，拌以草木灰或磷肥撒播（人工或飞机播均可），也可按行距50～60cm条播。种子千粒重1.5g，播种量7.5～11.0kg/hm^2。与豆科牧草大翼豆（*Macroptilium atropurpureum*）、柱花草（*Stylosantyes guianensis* Aublet Swartz.）、野大豆（*Glycine soja*）等混播，播种量3.75～4.5kg/hm^{2}即可。不论单播或混播均不覆土。

（2）分株繁殖。用分株进行无性繁殖时，宜选用生长粗壮的植株，割去上部茎叶，留茬15～20cm，然后将整株连根挖起，约4～5条带根的茎为一束，挖穴种植，株行距60cm×90cm或80cm×100cm，穴深20～25cm，施基肥后将种苗直插于穴内，回土压实，施磷肥150～200kg/hm^2、有机肥7 500～15 000kg/hm^{2}作基肥。一般于雨季开始时种植为宜，若遇天旱，则在定植前用泥浆浸根，以促进成活。为保证其产量，种植第二年以后，应追有机肥7 500～15 000kg/hm^2。

2.2.2.4.2　苗期管理

（1）浇水。播种后应每天浇水，保持地面湿润，提高出苗率。分株的前期也需每天浇水，以确保成活率。

（2）施肥。苗期可施些清淡的粪水，成活后根据实际情况施加复合肥或有机肥。

（3）除杂草。播种后15d内要及时清除杂草；采取分株繁殖的，在分株后10d内要及时清除杂草。

2.2.2.4.3　刈割利用

当植株长至90cm左右时，即可以第一次刈割，刈割时留茬10cm；以后每隔3～4周刈割一次，留茬不低于10cm。

2.2.2.4.4　收籽留种

准备留种的草一般不刈割，选择栽种早、长势好的植株留种，也可酌情刈割利用 1 ~ 2 茬，并每次施追肥（复合肥）375 ~ 750kg/hm^2，8 月份开始收籽，每 10d 左右收集一批。坚尼草草籽极易脱落，且每二穗上的籽粒不同步成熟，所以收籽工作要专人负责，仔细观察。成熟草籽捻去外壳后其内壳坚硬饱满，呈黄绿色或棕黑色。若每一穗上有 50% 左右的籽粒成熟就可以剪穗头采集，剪下的穗头置于干燥处，24h 后籽粒极易脱落。

2.2.2.5　主要栽培品种

2.2.2.5.1　热研 8 号坚尼草

中国热带农业科学院于 1988 年引自哥伦比亚国际热带农业中心，2000 年经过全国牧草品种审定委员会审定，登记为热研 8 号坚尼草（*Panicum maximum* Jacq. cv. Reyan No. 8）。

该品种为多年生直立草本，高 1.5 ~ 2.5m，秆粗约 0.75cm，多分蘖。叶量丰富，叶质较硬，线形，长约 110cm，宽约 3.0cm，叶面具蜡粉。光滑无毛。叶梢无疣毛，叶舌膜质，长约 1.5cm，节密生疣毛。圆锥花序开展，长约 45 ~ 55cm，主轴粗，分枝细，斜向上升。小穗灰绿色，长椭圆形，顶端尖，长约 4mm，无毛。颖果长椭圆形，种子千粒重 0.759g，种子产量 480kg/hm^2。该品种喜湿润的热带气候，适于中国热带、亚热带地区种植，年产干草可达 22.5t/hm^2，耐干旱，在年降水量 750 ~ 1 000mm的地区生长良好；耐酸性瘠薄土壤，在 pH 值 5.0 左右的滨海沙土上仍能茂盛生长；耐寒，在海南秋冬季仍保持青绿；耐荫，在各种种植园中间作，仍可取得较高的产量（干草约 15t/hm^2）；晚开花，比对照青绿黍约晚 1 个月开花，可延长其利用时期，缓解秋冬季青饲料不足的局面。

适宜海拔 1 000m以下，年降水量 750mm 以上的热带、亚热带地区种植。

2.2.2.5.2 热研9号坚尼草

中国热带农业科学院于1988年引自哥伦比亚国际热带农业中心，2000年经过全国牧草品种审定委员会审定，登记为热研9号坚尼草（*Panicum maximum* Jacq. cv. Reyan No. 9）。

该品种为多年生直立草本，高1.5～2.2m. 秆粗0.6cm，多分蘖，生长旺盛。叶量丰富，叶质柔软，线形，长60cm，宽2.5cm，叶面具蜡粉，光滑无毛。叶鞘无疣毛，叶舌膜质，长约1.5cm，节密生疵毛。圆锥花序开展，长35～40cm。主轴粗，分枝细，斜向上升。小穗灰绿色，长椭圆形，顶端尖，长3.0～3.5mm，无毛。颖果长椭圆形，种子千粒重0.598 5g，种子产量496.5kg/hm^2。

该品种喜湿润的热带气候，适于中国热带、亚热带地区种植，年产干草可达18t/hm^2。耐干旱能力强，在年降水量750～1 000mm的地区生长良好。返青后恢复生长快。耐酸性瘠薄土壤，在pH值5.0左右的滨海沙土上仍能茂盛生长，较耐荫，在各种热带种植园间作，仍可获得较高的产量（干草约12t/hm^2）。适宜海拔1 000m以下，年降水量750mm以上的热带、亚热带地区种植。

第3章　植物的重金属胁迫研究进展

重金属是指密度在4.0或5.0以上的元素。环境污染方面所指的重金属主要是指生物毒性显著的汞、镉、铅、铬、锌、铜、钴、镍、锡等以及类金属砷、硒，还包括钒、铍、铝等。当这些重金属污染物由于人类活动进入土壤并对土壤—植物系统产生危害时，就会造成土壤重金属污染。镉、铅作为受关注的两类重金属，当它们进入土壤中的量超过土壤的自净能力，就会对土壤中植物和动物造成损害，也会对土壤造成重金属污染。

随着城市化的发展和各种人类活动的干扰，含重金属的污染物通过各种途径进入土壤，不仅导致土壤环境质量下降，农作物出现重金属中毒，并通过食物链威胁着人类的健康；同时还会造成对水体的污染和生态环境的进一步恶化。因此，世界各国纷纷关注土壤重金属污染及其防治。

重金属在空气、土壤和水体中的存在对生物有机体产生严重的影响，并且，其在食物链中的生物富集极具危险性。在治理重金属污染土壤的众多方法中，植物修复技术因其治理效果的永久性、治理过程的原位性、治理成本的低廉性、环境美学的兼容性、后期处理的简易性等特点，受到人们的普遍推崇。利用植物从污染土壤中提取重金属效率的高低取决于植物本身的属性。然而，目前发现的重金属超累积植物往往植株矮小、生长速度慢，再加上受气候、土壤环境条件的限制，在实际应用中能够去除土壤污染元素的总量较小，因而，作为土壤修复植物，具有较小的经济和应用价值。而一些普通植物虽然对重金属耐性低，组织中重金属累积量也不高，但由于其生长速度快、生物量大，在给定时期内带走的单位面积土壤中重金属总量也大，因而，也具有极大的利用价值。对此，有人提出仅仅应用植物的生物富集系数和转运系数作为超累积植物的评价指标是远远不足的，还必须考虑植物的生长周期和生物量。即富集质量分数虽未达某一水平，但生长快、生物量大的植物也能作为超富集植物。另外，在重金属对植物的毒害方面，研究者已经从形态、生理生化、细胞核分子水平做了大量的研究工作，主要集中在剂量效应关系的研究上，并从以前的高剂量、短期的急性毒性试验向低剂量、长期的慢性毒性试验转变的趋势。重金属污染下生物体抗性机理的研究一直是重金属污染生态学的重要内容之一。近年来，土壤重金属污染及其引发的生态风险问题引起众多研究者的关注。国内外学者在重金属元素对植物—土壤系统的生态效应影响方面已做了大量研究工作，其中针对镉、铅在各种介质下对生物的毒理学研究做了大量细致的研究。但是，目前研究的焦点大多集中于重金属对人类可食作物（如蔬菜）等的影响研究，且目前有关重金属污染对植物生态毒理效应的研究也主要集中于非热带地区的陆生植物及水生植物，而对于热带植物的研究甚少。关于重金属污染对热带牧草生长、品质的影响及对热带牧草的毒理学等方面的研究尚未见报道。

热带牧草在中国海南岛等热带地区广泛种植，目前已推广到江西、福建、湖南、贵州、广西、新疆等省区，创造了良好的社会效益和生态效益。由于热带牧草生物量大、生长速度快、生长条件简单，能否将其用途扩展到环境污染修复中是值得研究的新课题。

3.1 镉污染研究进展

镉是一种有毒有害重金属，在地壳中的含量较少，主要通过采矿、污灌、施肥、大气沉降等输入土壤，积累在有机质和黏土部分。镉易在食物链中积累后进入人体，严重危害人类健康，20 世纪初，因食用镉污染大米，日本大面积爆发“骨痛病”，有关镉污染及防治研究引起全世界关注。

据统计，目前我国受镉等重金属污染的耕地面积约占总耕地面积的 1/5。据李其林 2003 年对重庆市城郊和一般农区重金属污染情况的调查表明，两种类型的土壤镉都有不同程度的超标，超标率分别为 18.7% 和 18.0%。许学宏（2005）对江苏蔬菜产地土壤重金属污染的调查表明，苏南镉含量已超过无公害标准 56.67%。部分地区的镉污染已相当严重。1992 年，全国有不少地区已经发展到生产“镉米”的程度，每年生产的“镉米”多达数亿千克。20 世纪 80 年代中期，对北京某污灌区进行的抽样调查表明，人约 60% 的土壤和 36% 的糙米存在污染问题；江西省某县多达 44% 的耕地遭到污染，并形成 670hm^2 的“镉米”区。上海蚂蚁滨地区受镉污染的土壤平均含镉达 21.48mg/kg，最高 130mg/kg；广州郊区老污灌区土壤镉最高含量竟达 228mg/kg，平均为 6.68mg/kg；成都东郊污灌区内水中含镉量高达 1.65mg/kg，超过 WHO 所规定的含量 7 倍之多；沈阳张士灌区严重污染区稻田含镉 5～7mg/kg，米中含镉量达 1～2mg/kg。随现代农业的飞速发展，镉污染问题日益严重。

土壤中镉一般可分为水溶态、交换态、碳酸盐结合态、铁锰氧化物结合态、有机质结合态和残留态，其稳定性依次升高。水溶性镉可直接被植物吸收，危害最大。一般随着土壤镉总含量增加，可交换态镉含量上升，相对会增加镉的活性和毒性。镉毒性高是由于它在化学性质上接近于锌，在植物体内取代锌，从而造成植物生长受抑制以至死亡。镉在土壤中迁移性很强，最易于被植物吸收。它在土壤—植物系统中的迁移直接影响到植物的生理生化性质，当镉超过一定浓度后，植物表现出褪绿、死亡等明显的受害症状。

目前，国内外不少科学家对镉污染土壤的植物修复及镉的生态毒理学进行了探索。1991 年有人用 5 种植物：遏蓝菜属、麦瓶草属、长叶莴苣、镉累积型玉米和锌、镉抗性紫洋芋修复镉污染的土壤。宾西法尼亚州发现的十字花科的遏蓝菜属（*Thlaspi caerulescdens*）被报道是超富集植物，富集浓度高达 1 800mg/kg。另有报道印度芥菜（*Brassica juncea*）生物量大，且可同时积累相当浓度的镉、锌、铅；*Thlaspi caerulescdens* 和 *Arabidopsis halleri* 这两种物种体内有强大的运输镉的机制。刘云国等（2000）研究了 10 种观赏植物对镉污染土壤的修复效果，发现了土壤中的镉的下降速度最小值为 0. 354mg/kg，最大值为 6. 3784mg/kg。苏德纯等（2002）以超累积植物印度芥菜为参比植物，通过温室盆栽土培试验研究了筛选出的两种芥菜型油菜的吸镉特征和作为超累积植物修复镉污染土壤的潜力。刘威等（2003）通过野外调查和温室试验，发现并证实宝山堇菜（*Viola baoshanensis*）是镉的一种超富集植物。陈玉成等（2004）采用表面活性剂与螯合剂处理，强化雪菜吸收土壤镉的盆栽试验表明，影响植物吸收镉的主要因子是表面活性剂的类型。吴双桃（2005）通过盆栽试验，研究了美人蕉在镉污染土壤中的生长特征及对镉的吸收规律和修复能力。姜虎生（2004）通过对玉米砂培试验，用不同质量浓度的镉对玉米进行处理，对其生理特性进行研究，以探讨其能否作为重金属镉生物有效性的指示生物。王激清等（2004）在石灰性土壤加入碳酸镉的条件下，通过温室土培盆栽试验研究印度芥菜和油菜互相作用对各自吸收土壤中难溶态镉的影响。曹德菊等（2004）采用盆栽试验，研究了竺麻对镉的耐受性和积累现象。王松良等（2004）通过温室水培 13 个小白菜和 11 个结球甘蓝品种，研究其对重金属镉的富集特性。魏树和等（2005）通过室外盆栽模拟试验及重金属污染区采样分析试验，首次发现并证实杂草龙葵（*Solanum nigruml.*）是一种镉超积累植物。郑茂波（2005）以烟草为试验材料，分别对种子和幼苗进行镉、钙离子和镉-钙离子不同的处理，对烟草的发芽情况、幼苗生长及根和叶片中镉离子积累情况进行了归纳总结分析。结果表明钙离子在一定程度上对镉的毒性有减缓作用。

3.2　铅污染研究进展

铅是一种有毒的重金属元素，地壳中含铅 1×10^4t，铅在地壳中的平均丰度为12.5μg/g。土壤铅含量一般在2～200μg/g，平均变化幅度为13～4μg/g。全国土壤背景值基本统计量的结果表明，我国土壤铅含量最高可达到1 143μg/g，最低为0.68μg/g，平均可达到26μg/g。铅主要通过大气降尘、污泥、城市垃圾、采矿、金属加工等输入土壤。铅能置换骨骼中的钙而储存在骨骼中，当其进入血液中将会引起许多疾病，如贫血、肝炎、肾炎、高血压、神经错乱等，甚至导致死亡。

土壤中的铅可分为矿物态、吸附态、水溶态和有机络合态。矿物态铅主要包括3种：方铅（Pbs），不易溶解，毒性小；红铅矿（PbO_2），酸性条件下易溶解，颗粒小而成粉状，毒性大；白铅矿（$PbCO_3$）、硫酸铅矿（$PbSO_4$），酸性条件下易溶解，颗粒小而成粉状，毒性大。吸附态以铁锰氧化态为主；水溶性 Pb^{2+} 很少。土壤中大部分铅以 $Pb(OH)_2$、$PbCO_3$、$PbSO_4$ 等难溶态形式存在，绝大多数的铅盐均是难溶或不溶于水的，在土壤溶液中的水溶性铅含量很低。

土壤铅污染具有隐蔽性、长期性和不可逆性等特点，正日益受到广泛的关注，土壤中铅的污染与治理一直是国际上研究的难点与热点。土壤中的铅通过土壤—植物系统转移至植物体而影响植物的正常成长，富集于植物体内的铅可以通过食物链转移至动物及人体内，铅在人体里积蓄后很难被发现，且不容易自动排除。铅的毒性持久，可以在土壤中保留150～5 000年，半衰期长达14年，人体中的铅浓度通常是环境中的5倍。如果血铅 > 80μg/100ml或尿铅 > 80μg/L，即会引发铅中毒。

目前，国际上治理土壤铅污染主要有3种办法：物理控制法和化学控制法、生物修复法。铅污染修复有物理修复、化学修复、植物修复等多种选择，但由于植物修复具有物理、化学修复方法无法比拟的高效廉价、不造成二次污染、不破坏环境、易为社会接受等优点，被认为是一个很有前途的修复铅污染的方法。Arive等（1984）研究了大麦、蚕豆、大豆、甜菜等离体根对铅的作用，他们认为铅的吸收过程并不受代谢抑制作用的影响，是非代谢性的。铅离子一旦进入根内就通过木质部转移到其他组织。有关铅的吸收机制，目前的研究很少。铅进入植物体可能是主动吸收，但更多的可能是被动吸收。近年来的研究表明，铅进入植物的过程，主要是非新陈代谢被动进入植物根内。还有人提出重金属进入植物体内时，要经过不同配位体的交换等。Bazzaz（1974）等研究了不同浓度氯化铅处理水培的玉米和大豆。他们发现，随着铅浓度的增加，光合作用和蒸腾作用强度降低，导致植株高度、叶量、生物量、产量下降。在低浓度铅影响下，玉米比大豆敏感，光合作用和蒸腾强度受到强烈的抑制。一般随着浓度增高，光合作用和蒸腾作用逐渐降低，这两种生化过程的变化与叶子气孔对二氧化碳吸收和水蒸气扩散的能力有关。有研究认为，植物对铅的忍耐性，主要是铅进入植物细胞积累时，或与细胞中过剩的非蛋白质巯基结合，形成不溶性络合物；或以铅晶体缓慢积累在细胞壁上。呈密布的微粒沉积下来。微粒中的铅，在生理上的作用是惰性的。铅微粒的存在以及在细胞内广泛分布的现象，还可以说明铅与其他重金属毒性低。从1977年，Brooks提出超富集植物的概念，到1983年Chaney提出利用超富集植物清除土壤重金属污染的思想，有关耐重金属植物与超富集植物的研究逐渐增多，植物修复作为一种治理污染土壤的技术被正式提出。Salt 等（1998）研究于利用超积累植物吸收土壤里的金属，并提出于一些铅超积累植物，这种技术被称为持续植物提取。但目前对植物吸收、运输和积累铅以及耐铅胁迫的机制研究甚少。

目前，国内在铅污染研究方面主要是从自然界中筛选铅累积量较高的植物。殷宗慧（1993）等人，曾对小麦、玉米中铅的积累做过试验。试验证明，随着投加到土壤中铅的浓度增加，农作物各部位的铅含量也明显升高，呈显著正相关关系。小麦、玉米各部分的积累系数是根 > 茎叶 > 籽粒。杨居荣（1993）等从细胞水平出发的研究结论论证了这一规律。杨居荣（2001）等还采用组织化学及生物化学分析方法，研究了重金属污染区水稻籽实中铅的分布及其结合形态，结果表明，铅在籽实各形态结构中的浓度不均匀。吴双桃等（2004）通过对株洲市铅锌冶炼厂生产区的植被和土壤调查，首次报道了土荆芥体内铅含量（铅的质量分数）高达 3 888mg/kg。邢前国等（2004）发现，从铅锌矿区采集的植物铁芒，其铅含量高达 490. 90mg/kg。柯文山等（2004）发现鲁白和芥菜均能累积较高浓度的铅，且能将大部分铅转移到地上部分。

3.3　重金属复合污染研究进展

随着工业的发展，“三废”的排放，镉、铅污染问题日益严重。据调查我国 11 个灌区遭受镉、铅污染的农田面积达 12 000hm^2。城市土壤中重金属元素有不同程度的积累，以镉、铅尤为突出。镉、铅在植物体各器官的大量积累，不仅严重影响植物的生长和发育，还会通过食物链，危及人类的健康。

在农业生态环境中，重金属的污染多为多元素共存所造成的复合污染，而且各种污染元素之间还存在着某种形式的联合作用。这种相互作用可分为加和作用、拮抗作用和协同作用。20世纪70年代以来，国内外对重金属复合污染做了大量研究。

锌与铜同是第四周期，化学性质相似，它们作为植物生长的必需元素，在低剂量时能促进植物的生长。而在研究锌和铜对菜心的影响时发现，随锌浓度的增加，铜在植物体内的吸收增加，当铜的浓度增加时，菜心地上部分的含锌量增加，而地下部分在高锌时含锌量增加；在低锌条件下，地下部分含锌量却降低。表明铜、锌在未超标时，在菜心可食部分是相互促进吸收的。秦天才等利用溶液培养方法研究重金属元素复合污染时发现，在含镉的培养液中施入铅后，加强了镉对小白菜根系的生理生态效应，并且导致小白菜吸收了更多的铁。宋菲等研究表明，土壤中锌含量的增加可降低菠菜对镉的吸收量。任安芝等报道，镉可降低青菜对铅的吸收，而一定浓度的铅则减弱了镉对青菜种子的毒害作用。

Piotrowaka 等（1994）报道，镉和锌一起施入土壤，对水稻产生的毒性比单独施锌更为严重。Ribeyre 等（1995）发现水体中银的存在减少了铜蓄积量会下降，但这种拮抗作用是非线性的，原因在于银的存在减少了铜在胞质中形成某种热稳定化合物的量。Pietilainen 等（1975）研究表明铅和镉的交互作用类型与两种的浓度比有关，当铅/镉 >1 时，它们对浮游植物初级生产力的影响为拮抗作用；当铅/镉 <1，则表现为协同作用。Babich 等（1983）研究镍和镉对微生物影响时，发现 pH 值的下降加强了镍和镉之间的协同作用，同时也能促进镍和镉对单细胞绿藻的协同作用。Smilde 等（1992）研究表明，在土壤中施镉，可促进玉米、萝卜、小麦等植物对锌的吸收，而在沙土中，镉处理则抑制这些植物对锌的吸收。修瑞琴等（1998）研究发现，当镍和镉以浓度比 1∶1 加入到石斑鱼的生活水体中，镍、镉表现为协同

作用，但以其毒性比 1∶1 加入时，则表现为先协同后拮抗。周启星等（1994）发现镉对水稻锌积累量的影响随土壤中的锌浓度而变化，低浓度时为拮抗作用，高浓度时为协同作用。秦天才等（1998）发现，在含镉的培养液中加入铅，会造成植物根系中游离氨基酸的积累增加，从而影响植物细胞的渗透压。目前，研究重点集中于复合重金属在作物、蔬菜等经济植物体内的吸收、积累、转化以及生态效应等。而对镉、铅在热带牧草体内吸收、积累、转化等报道甚少。

第4章　重金属对热带牧草发芽率的影响

自20世纪70年代以来，重金属污染问题就已受到人们的普遍关注。同时，我国对草食畜产品的需求量在不断增加。为提高牧草的品质，实现畜牧业的清洁生产，有必要从植物生长的整个生命周期进行考虑，探索重金属污染对牧草种子萌发的影响。

通过发芽实验可以了解种子的生态适应性和抗逆性。热带牧草种子在重金属的污染条件下能否正常发芽，是热带牧草能否在受重金属污染的土壤中生长的先决条件。本研究旨在探索不同重金属（镉、铅）浓度对热带牧草（柱花草和坚尼草）种子萌发的胁迫影响，找出抑制其根芽生长的临界浓度，并分析在重金属复合污染条件下，两种热带牧草种子的萌发情况。

4.1　材料与方法

4.1.1　供试材料

供试材料为禾本科牧草热研 8 号坚尼草（*Panicum maximum.* Reyan No. 8）种子和豆科牧草热研 2 号柱花草（*Stylosanthes guianensis* cv. Reyan No. 2）种子，由中国热带农业科学院品资所牧草试验基地生产并提供。试验于2007年4月至12月在海南大学环境科学实验室进行。试验前，随机取一定量种子，先进行初选，剔除杂质及瘪种子。

4.1.2　重金属浓度设置及试验方法

4.1.2.1　重金属溶液配置和浓度设置

重金属镉、铅以溶液形式加入培养皿中，以 Cd^{2+}（$CdCl_2 \cdot 2.5H_2O$）分析纯配制成不同浓度梯度（0.5、1、3、5、10、30mg/L）的溶液；以 Pb^{2+}［$Pb(NO_3)_2$］分析纯配制成不同浓度梯度（50、100、250、500、750、1 050mg/L）的溶液。复合重金属溶液的溶液梯度如表 4－1 所示。

表 4－1　复合重金属配制浓度（mg/L）

序号	代号	镉浓度	铅浓度
1	Cd0.5xPb50	0.5	50
2	Cd0.5xPb250	0.5	250
3	Cd0.5xPb750	0.5	750
4	Cd5xPb50	5	50
5	Cd5xPb250	5	250
6	Cd5xPb750	5	750
7	Cd10xPb50	10	50
8	Cd10xPb250	10	250
9	Cd10xPb750	10	750

注：复合重金属溶液的序号 1～9，亦表示为 Cd0.5xPb50、Cd0.5xPb250、Cd0.5xPb750、Cd5xPb50、Cd5xPb250、Cd5xPb750、Cd10xPb50、Cd10xPb250、Cd10xPb750。下同。

4.1.2.2　种子预处理

柱花草种子经 80℃热水处理 3min，坚尼草种子经 98% 的浓硫酸处理 3min，冲洗干净至 pH 值为 7，用 0.1% 汞溶液灭菌 30min 后，再用去离子水洗净阴干后，待用。同时，将试验所需的培养皿、培养箱等仪器进行消毒处理。

4.1.2.3 水培实验方法

取待用种子均匀随机放入垫有双层无灰定性滤纸的带盖培养皿（直径9cm）中，每个培养皿放入50粒种子平铺在滤纸上，每个处理设置3个重复。

培养皿分别加入配好的各重金属溶液，至滤纸饱和为止，对照处理直接加入去离子水；称重；在培养皿侧面贴上标签（注明置床日期、品种名、处理编号、重复次数、重量）；上盖后放入人工气候培养箱中，在25℃（16h/8h）进行培养，控制湿度为65%～75%，光照强度为11 000Lux。每日用称重法加水保持恒重，以补充所蒸发的水分，在保持溶液中重金属浓度恒定条件下进行发芽培养。

每3d换一次滤纸，以保持滤纸的湿润和清洁，防止水势变动，并及时捡除发霉、腐烂种子，把发霉的种子用10%的高锰酸钾溶液清洗，以防止感染其他种子，并作好实验记录观察。

4.1.2.4 土培实验方法

供试土壤采自海南某市郊区菜园地农业土壤（理化性质见表4－2）。称取50g风干土壤于90mm直径的玻璃培养皿中，将已配制好的重金属水溶液均匀的加入培养皿中，用去离子水调节土壤含水量至最大持水量的60%，并将其置于恒温培养箱中25℃（16h/8h）进行培养。每日用称重法加水恒重，在保持溶液中重金属浓度恒定条件下进行发芽培养。

表4－2 供试土壤的理化性质

pH值	全氮（g/kg）	有机磷（mg/kg）	速效钾（mg/kg）	有机质（g/kg）	镉（mg/kg）	铅（mg/kg）
5.59	0.122	148.5	98.8	2.708	0.15	21.16

4.1.2.5　发芽率实验周期的确定

将处理好的种子均匀地放入发芽床中进行发芽，同时，保持发芽床湿润。从种子着床之日起观察，以胚根长度等于种子长度为发芽标准。当 3 个重复中有一个种子发芽时，为该种子发芽始期，以后每天记录发芽种子数，当连续 5d 不发芽时，作为发芽结束期。不同种子的发芽势和发芽率的测定时间是不同的，如紫花苜蓿分别为 4d 和 10d，黑麦草为 5d 和 14d，高羊茅为 7d 和 14d。本研究由于缺乏基础数据，因此，适当将观察期延长，并参照中国热带农业科学院品资所相关材料进行设置实验周期。水培实验坚尼草种子发芽观察期为 14d，柱花草种子发芽观察期为 10d。土培实验中，两种热带牧草的发芽观察期均为 7d。

4.1.3　测定指标与方法

4.1.3.1　发芽率与相对发芽率

种子发芽率是指其在 7 天内发芽的百分数，相对发芽率则是指处理发芽率和对照发芽率的比值。相对发芽率高，表示其受重金属胁迫的影响较小。

所用计算公式如下：

发芽率（%）＝第 7 天发芽数/供试种子总粒数 ×100%

种子相对发芽率（%）＝处理发芽率/对照发芽率 ×100%

4.1.3.2　相对发芽势与相对发芽率

种子发芽势是指其在 5 天内发芽的百分数，相对发芽势则指处理发芽势和对照发芽势的比值。相对发芽势高，表示其受到重金属胁迫的影响较小。

发芽势（%）＝第 5 天发芽数/供试种子总粒数 ×100%

种子相对发芽势（%）＝处理发芽势/对照发芽势 ×100%

4.1.3.3　发芽指数与活力指数

根据每天发芽结果，计算发芽指数和活力指数。

$$发芽指数\ GI = \sum_{i=1}^{n}(GT_i/DT_i)$$

$$活力指数\ VI = \sum_{i=1}^{n}(GT_i/DT_i)\cdot S$$

其中 GT 为在时间 T 日的发芽数，DT 为相应的发芽日数，S 为萌发第 7 天的种苗芽长。

4.1.3.4　相对胚芽长、相对胚根长

根据实验记录数据，参照《国际种子检验规程》计算发芽势和发芽率，在第 7 天测量其胚芽长和胚根长。

胚根长是指在发芽的第 7 天测量的胚根长，相对胚根长是指处理胚根长和对照胚根的比值。相对胚根长越大，表示其和对照的差别较小，但也可能是因为其要依靠更多的根才能维持生长，所以，比较好的办法就是比较其变化幅度，变化幅度越小，表明其受重金属胁迫的影响较小。

胚芽长是指在发芽的第 7 天测量的胚芽长，相对胚芽长是指处理胚芽长和对照胚芽长的比值。相对胚芽长越大，表示其受到水分胁迫的影响较小。

相对胚芽长（%）＝处理胚芽长/对照胚芽长×100%

相对胚根长（%）＝处理胚根长/对照胚根长×100%

4.1.3.5　土壤中基本理化性质的测定

按常规方法测定（中国土壤学会，2000）：

土壤：电位法（土水比 1∶5）；

有机质：$K_2Cr_2O_7$ 外加热法；

速效磷：钼锑抗比色法；

速效钾：火焰光度法；

全氮：开氏法。

4.1.4　数据分析方法

计算结果用 Microsoft Excel 统计计算、制图和 SAS6.12 程序进行统计。

4.2 结果与分析

4.2.1 水培实验中镉、铅及其交互作用对坚尼草种子萌发的影响

4.2.1.1　种子发芽率和相对发芽率

4.2.1.1.1　坚尼草种子发芽率

重金属镉、铅及其交互作用对坚尼草种子整个发芽过程的发芽率随时间的变化趋势如图4－1、图4－2、图4－3所示。从图中可知，不同浓度的重金属污染对坚尼草种子发芽过程均产生一定的影响。在图4－1中，与空白相比，除镉浓度为30mg/L的处理外，其他处理在前5天的发芽率均大于空白处理，说明当镉浓度低于10mg/L时，会促进坚尼草种子的萌发。除镉浓度为30mg/L时，发芽率在整个14天中一直缓慢上升外，其余各处理在第5天时基本都停止发芽。从图4－2可以看出，当铅的浓度达500mg/L时，种子只有极个别发芽，当浓度达750mg/L时，种子停止发芽。在整个发芽观察期的前4天，对照处理的发芽率一直低于铅浓度为50、100mg/L的处理；但从第5天开始，情况逆转。说明当铅浓度低于100mg/L时，铅对种子萌芽有促进作用，但时间一长，则产生毒害抑制作用。由图4－4、图4－5、图4－6可知，当镉浓度为0.5、5、10mg/L时，添加铅将产生拮抗作用，使种子萌芽率下降，且随着铅浓度增加，毒害程度加深。

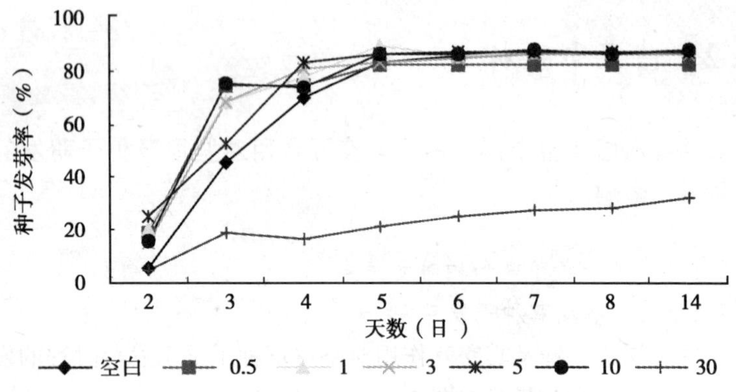

图 4－1　不同浓度镉胁迫下坚尼草种子发芽率随时间的变化趋势（水培）

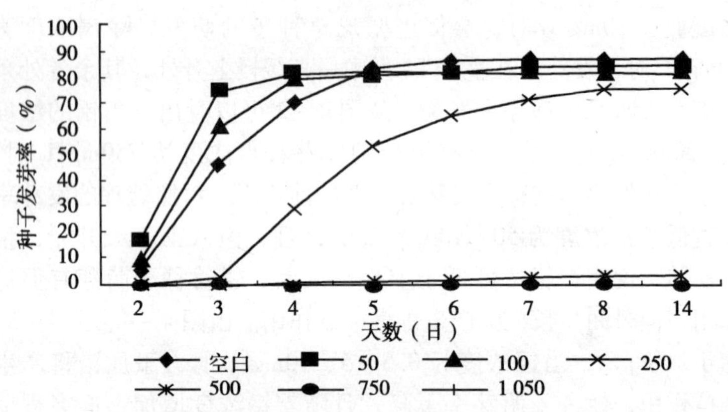

图 4－2　不同浓度铅胁迫下坚尼草种子发芽率随时间的变化趋势（水培）

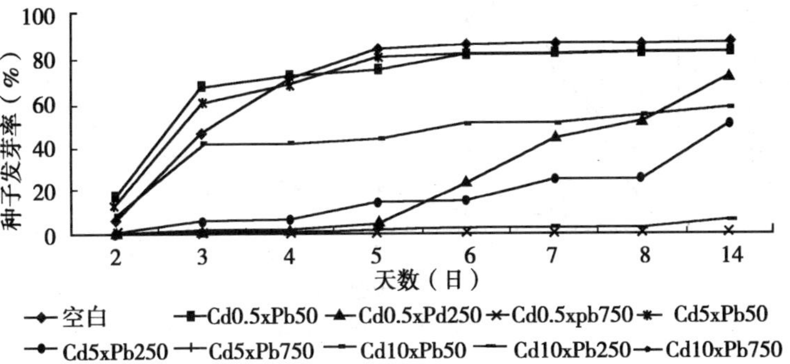

图 4－3　不同浓度镉、铅复合胁迫下坚尼草种子发芽率随时间的变化趋势（水培）

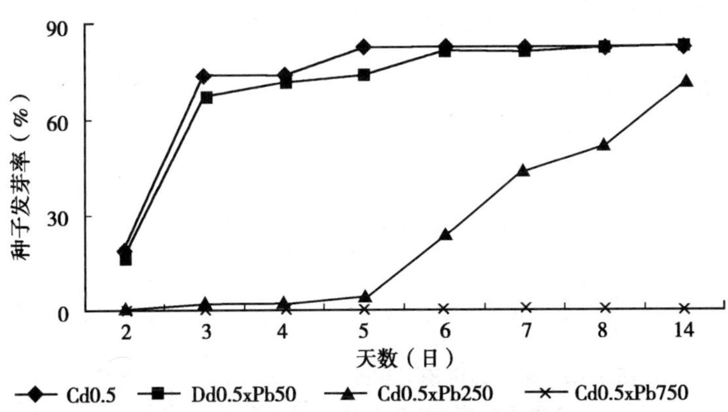

图 4－4　单一镉污染（0.5mg/kg）与复合胁迫下坚尼草种子发芽率随时间的变化比较（水培）

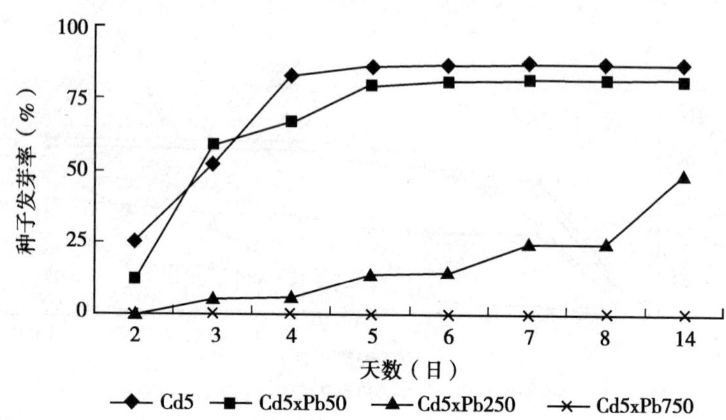

图4－5　单一镉污染（5mg/kg）与复合胁迫下坚尼草种子发芽率随时间的变化比较（水培）

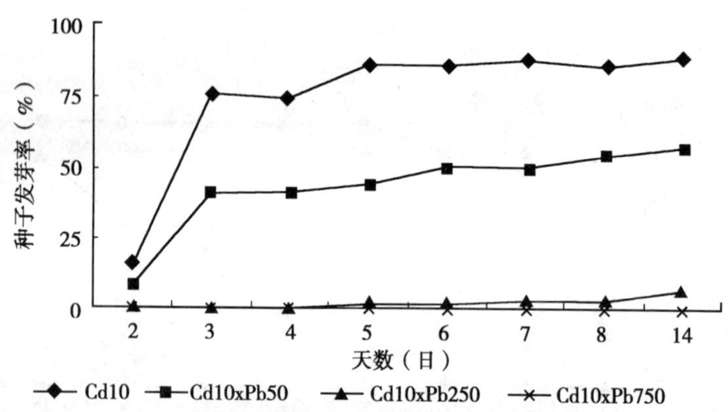

图4－6　单一镉污染（10mg/kg）与复合胁迫下坚尼草种子发芽率随时间的变化比较（水培）

4.2.1.1.2　柱花草种子发芽率

重金属镉、铅及其交互作用对柱花草种子整个发芽过程的发芽率随时间的变化趋势如图4－7、图4－8、图4－9所示。从图中可知，不同浓度的重金属污染对柱花草种子发芽过程均产生一定的影响且表现出相似的规律。在整个观察期，无论是镉、铅还是其交互作用，柱花草的发芽率在第 3 天就基本能达 90% 以上，说明柱花草种子在萌芽阶段的抗重金属胁迫能力较强，发芽过程受环境重金属离子的影响不大。柱花草在种子萌发期间对此两种重金属的耐性强，其原因尚待进一步研究。

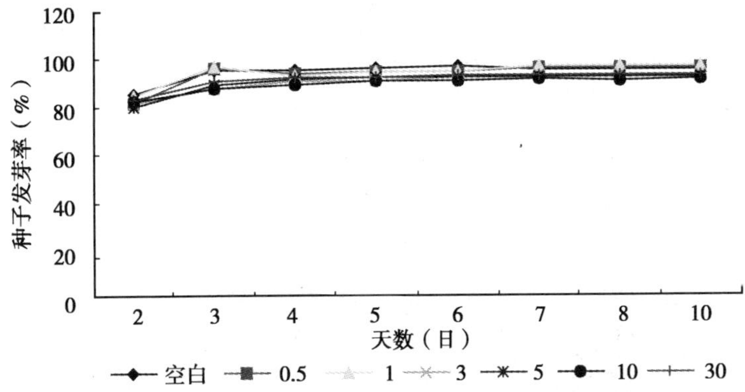

图 4－7　不同浓度镉胁迫下柱花草种子发芽率随时间的变化趋势（水培）

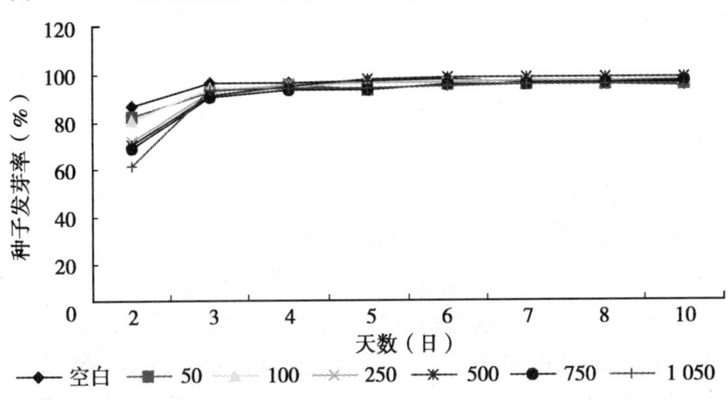

图 4－8　不同浓度铅胁迫下柱花草种子发芽率随时间的变化趋势（水培）

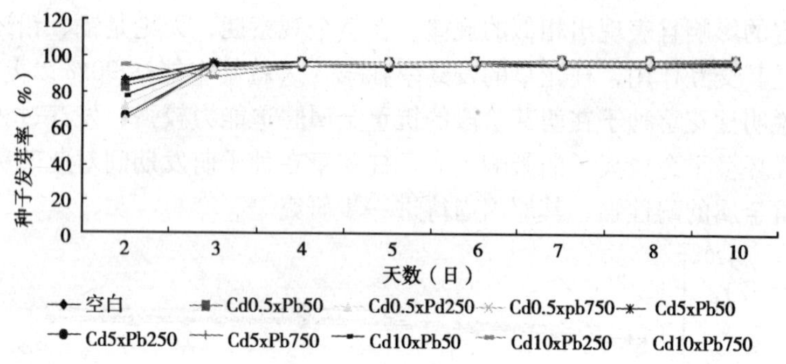

图4-9 不同浓度镉、铅复合胁迫下柱花草种子发芽率随时间的变化趋势（水培）

4.2.1.1.3 柱花草和坚尼草种子相对发芽率的比较

坚尼草种子发芽率是指其在7天内发芽的百分数，相对发芽率则是指处理发芽率和对照发芽率的比值。相对发芽率越高，表示其受到重金属胁迫的影响越小，耐受性也越强。由图4-10、图4-11、图4-12可以看出，重金属镉、铅及其交互作用对柱花草的相对发芽率变化不大，也进一步说明柱花草对重金属胁迫不是很敏感，在重金属浓度较高时，仍能保持较高的发芽率。单一镉污染时，当其浓度为1、3、5、10mg/L时，坚尼草的相对发芽率超过了100%，说明以上浓度处理对坚尼草的发芽率会有轻微的促进作用。当浓度大于10mg/L，则表现为急剧的伤害作用。单一铅污染时，各浓度处理的相对发芽率均低于100%，且随浓度增加而下降。说明铅污染对坚尼草的种子发芽有负面影响。方差分析表明，镉胁迫浓度为30mg/L时，对坚尼草种子的萌发率的影响达极显著水平，其余重金属胁迫浓度对坚尼草种子的萌发率的影响差异不显著（$P>0.05$）。各种重金属胁迫浓度对柱花草种子萌发率的影响均不显著（$P>0.05$）。

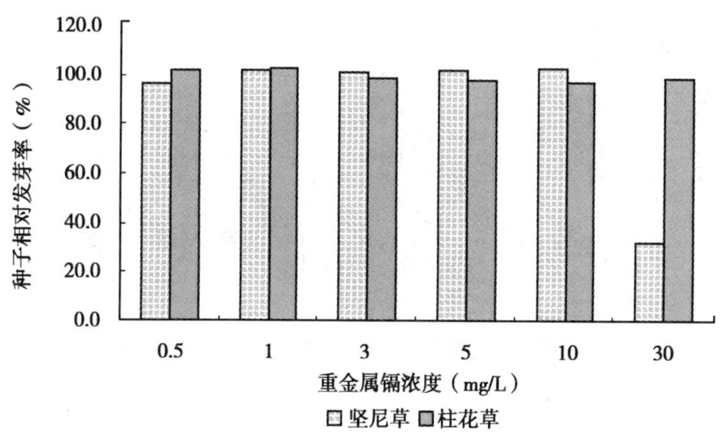

图 4－10 不同浓度镉胁迫下两种牧草相对发芽率的比较（水培）

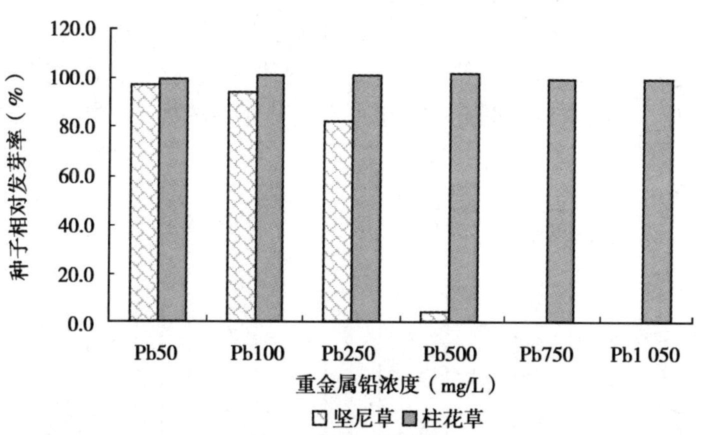

图 4－11 不同浓度铅胁迫下两种牧草相对发芽率的比较（水培）

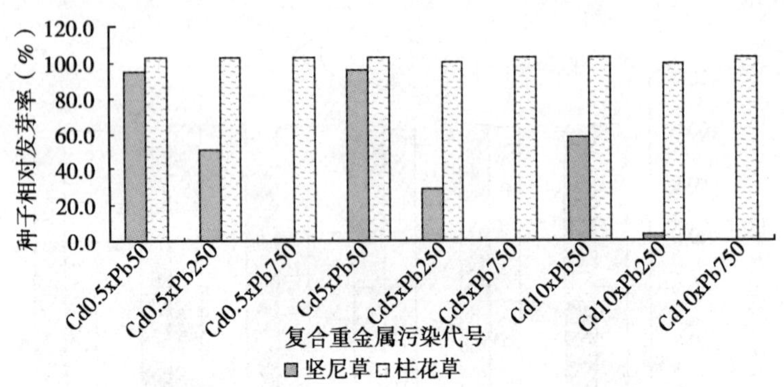

图 4-12　不同浓度镉铅复合胁迫下两种牧草相对发芽率的比较（水培）

4.2.1.2　种子发芽势和相对发芽势

一般来说，种子的发芽势高则表示种子的生活力强。坚尼草种子发芽势是指其在 5 天内发芽的百分数，相对发芽势则是指处理发芽势和对照发芽势的比值。相对发芽势越高，表示其受到重金属胁迫的影响越小，对重金属的抗性也越强。如前所述，在发芽期的第 5 天基本上趋于稳定，其规律与相对发芽率相似。图 4-13、图 4-14、图 4-15 也可看出其相似的规律，故不赘述。

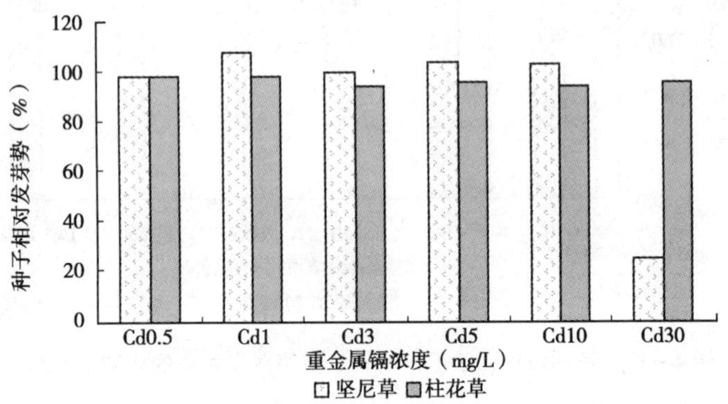

图 4-13　不同浓度镉胁迫下两种牧草相对发芽势的比较（水培）

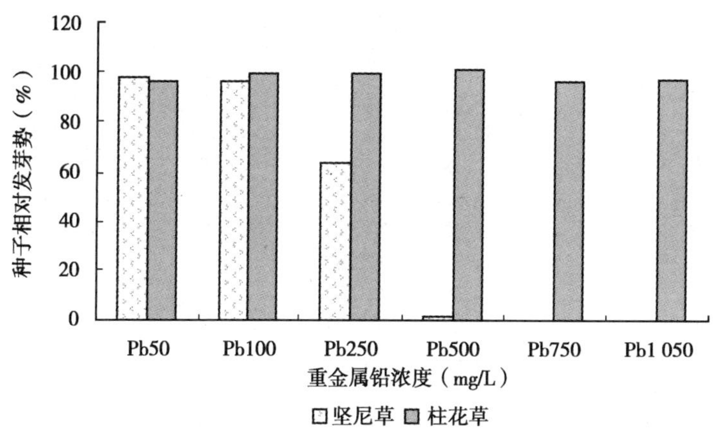

图 4－14　不同浓度铅胁迫下两种牧草相对发芽势的比较（水培）

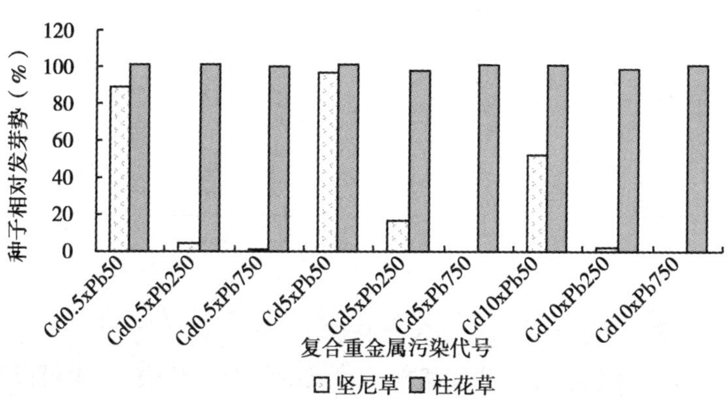

图 4－15　不同浓度镉铅复合胁迫下两种牧草相对发芽势的比较（水培）

表4－3 不同浓度的重金属处理下种子的发芽指数和活力指数（水培）

处理号	坚尼草		柱花草	
	发芽指数	活力指数	发芽指数	活力指数
CK	14.78	78.35	24.03	154.65
1Cd：0.5	14.69	82.99 *	21.16	140.21 **
2Cd：1	15.11	86.15 **	22.11	148.90 *
3Cd：3	15.38 *	85.67 **	22.29	139.31 **
4Cd：5	15.92 *	76.75 *	21.21	121.29 **
5Cd：10	16.22 **	67.21 *	22.31	131.40 **
6Cd：30	4.49 **	11.36 **	23.01	103.80 **
7Pb：50	14.62	84.75 *	23.40	156.73
8Pb：100	13.44	45.42 **	23.08	137.67 **
9Pb：250	8.01 **	6.47 **	22.25	85.82 **
10Pb：500	0.32 **	0 **	21.75	39.64 **
11Pb：750	0 **	0 **	21.17	11.18 **
12Pb：1 050	0 **	0 **	20.78	4.17 **
13Cd：0.5；Pb：50	13.98	67.83 *	23.09	150.58
14Cd：0.5；Pb：250	5.08 **	2.88 **	22.24	87.92 **
15Cd：0.5；Pb：750	0.11 **	0 **	21.27	16.23 **
16Cd：5；Pb：50	13.57 *	42.84 **	23.20	141.81 **
17Cd：5；Pb：250	3.73 *	8.35 **	21.62	86.97 **
18Cd：5；Pb：750	0 **	0 **	21.43	16.16 **
19Cd：10；Pb：50	9.06 **	23.56 **	22.55	122.51 **
20Cd：10；Pb：250	0.42 **	0 **	22.56	84.02 **
21Cd：10；Pb：750	0 **	0 **	21.25	14.97 **

注：** 表示处理与对照（CK）间差异达极显著水平（$P<0.01$），

* 表示处理与对照间差异达显著水平（$P<0.05$）。

4.2.1.3 种子发芽指数和活力指数

发芽指数能综合地反映种子萌发的情况。从表4－3可以看出，在含有低浓度重金属的溶液中，坚尼草种子的发芽指数和活力指数有一定程度的增加，其差异显著性如表4－3所示。这说明坚尼草有一定耐重金属镉胁迫的能力。这可能是由于重金属的加入，使溶液中的盐浓度增加，一定程度上刺激了坚尼草的萌发。而不同重金属浓度的胁迫条件对柱花草种子的萌发影响不大，但发芽指数和活力指数均低于对照。无论是单一重金属胁迫还是复合污染，均使柱花草发芽指数和活力指数下降。

4.2.1.4　种子的相对胚根长和相对胚芽长

胚根长是指在发芽的第 5 天测量的胚根长，相对胚根长是指处理胚根长和对照胚根的比值。相对胚根长越大，表示其和对照的差别较小，但也可能是因为其要依靠更多的根才能维持生长，所以，比较好的办法是比较其变化幅度，变化幅度越小，表明其受重金属胁迫的影响越小，抗逆性越强。通过比较植物在重金属胁迫条件下相对胚芽长，可表征出其受重金属胁迫的影响程度。

从图 4－16（a）可以看出，当坚尼草受镉胁迫时，与对照相比，胚芽生长均受到抑制，且随浓度增加而抑制越严重，胚根长则表现呈波浪形变化，当浓度超过 5mg/L 时，胚根生长受抑制。从图 4－16（b）可知，仅当镉胁迫浓度为 1mg/L 时，促进柱花草胚根生长，其余浓度均表现为抑制作用；而除镉浓度为 30mg/L 时胚芽长度略低于对照外，其余浓度均表现为促进作用。

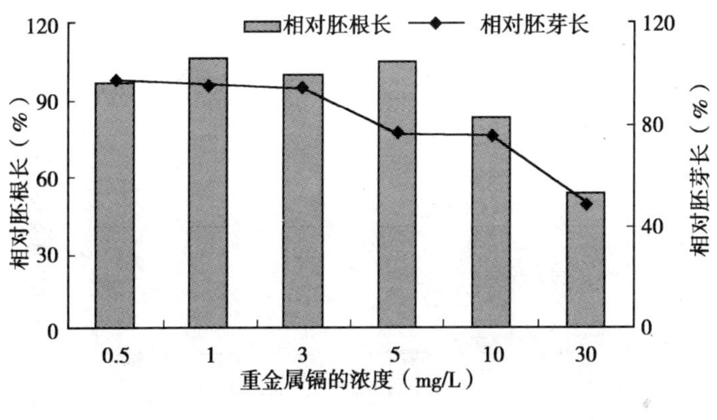

（a）坚尼草

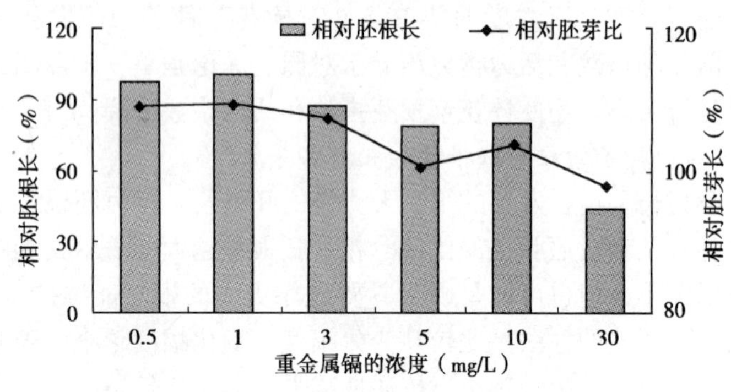

（b）柱花草

图4-16　镉胁迫下坚尼草和柱花草相对胚根长和相对胚芽长的比较（水培）

从图4-17（a）、（b）可知，当坚尼草和柱花草受铅胁迫时，与对照相比，低浓度（50mg/L）铅会促进根生长，且差异达极显著水平。但浓度分别达100mg/L和250mg/L时，坚尼草和柱花草的根生长抑制极明显，统计表明差异达极显著水平。因此，本研究认为，铅胁迫对坚尼草、柱花草胚芽生长的阈值分别为100mg/L、250mg/L。

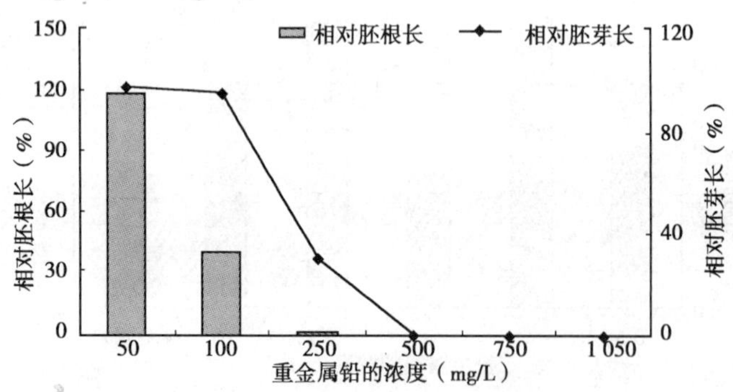

（a）坚尼草

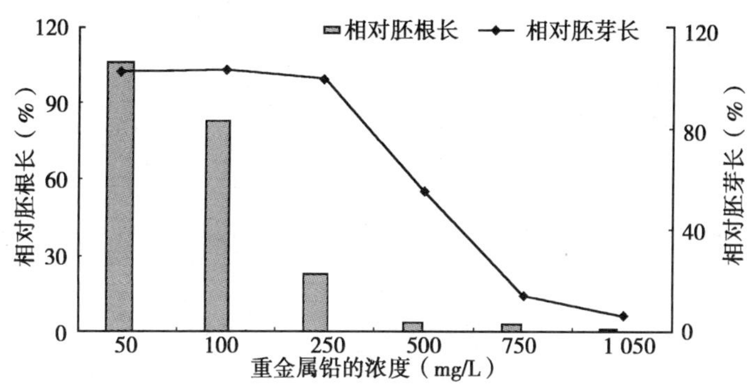

（b）柱花草

图 4－17　铅胁迫下坚尼草和柱花草相对胚根长和相对胚芽长的比较（水培）

重金属复合污染对两种热带牧草胚根、胚芽生长的影响如图 4－18（a）、（b）所示。从图可知，两种重金属对胚根和胚芽的影响均为拮抗作用，且当镉浓度一定时随铅浓度增加，抑制作用加剧。

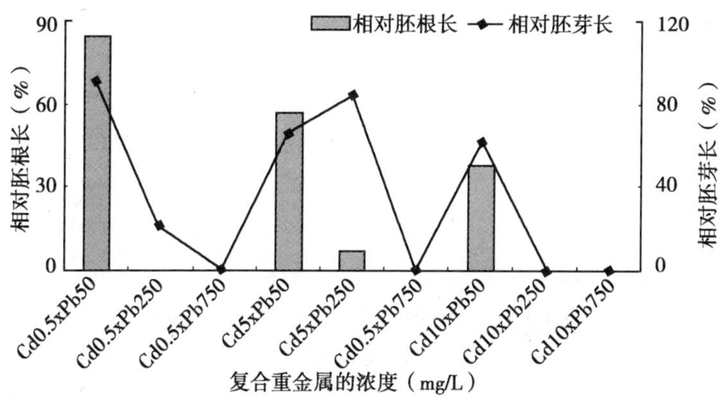

（a）坚尼草

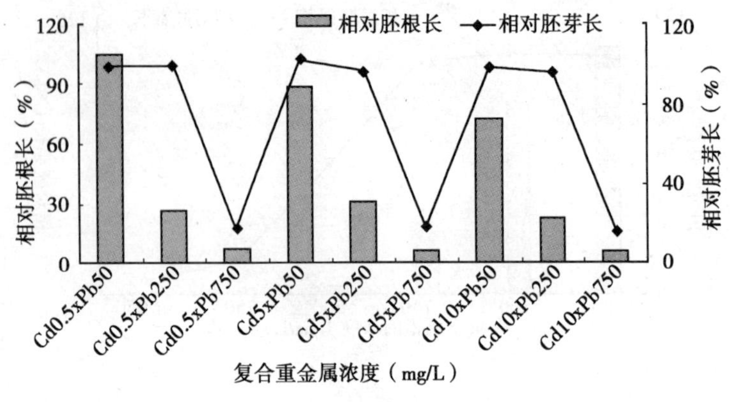

（b）柱花草

图 4－18　复合污染胁迫下坚尼草和柱花草相对胚根长和相对胚芽长的比较（水培）

4.2.1.5　重金属浓度与抑制率的回归分析

本研究比较了镉、铅及其交互作用对两种热带牧草种子发芽与根伸长的抑制效应。以剂量—效应关系作图，将所得结果进行回归分析。由图 4－19、图 4－20、图 4－21 可见，镉污染对坚尼草的根伸长抑制率远低于柱花草。但在高浓度时情况相反。低浓度铅污染对坚尼草的根伸长抑制率略大于柱花草，但当浓度增加至 500mg/L 时，对两种牧草的根伸长抑制率接近 100%。铅污染与复合污染对坚尼草的发芽抑制率大于柱花草。此外，由图 4－19、4－20、4－21 的相关性分析可见，两种牧草在单一镉胁迫下，重金属浓度与根伸长抑制率呈明显线性关系（R^2 = 0.932 5，0.769 9）；铅胁迫下，相关性较差（R^2 = 0.670 6，0.575 7）；复合污染的线性相关性差（R^2 = 0.185 4，0.297 9）。而柱花草在镉、铅及其交互作用下重金属浓度与发芽抑制率相关性极差（R^2 = 0.163 7，0.078 4，0.242 1），坚尼草的相关性水平也低于根伸长抑制率。这一结果可能与不同种子的根伸长的生长过程有关。因此，重金属污染对种子发芽的毒害作用在一定浓度范围内仅表现为部分抑制，只有污染极严重时，种子发芽才能完全被抑制。而根从一开始就完全暴露于土壤中，其生长和发育全过程受基质条件的影响较大，因此，根对重金属外源污染的反应更敏感。这一结果与前人的研究结果相似（Kjaer，1998；宋玉芳，2002）。

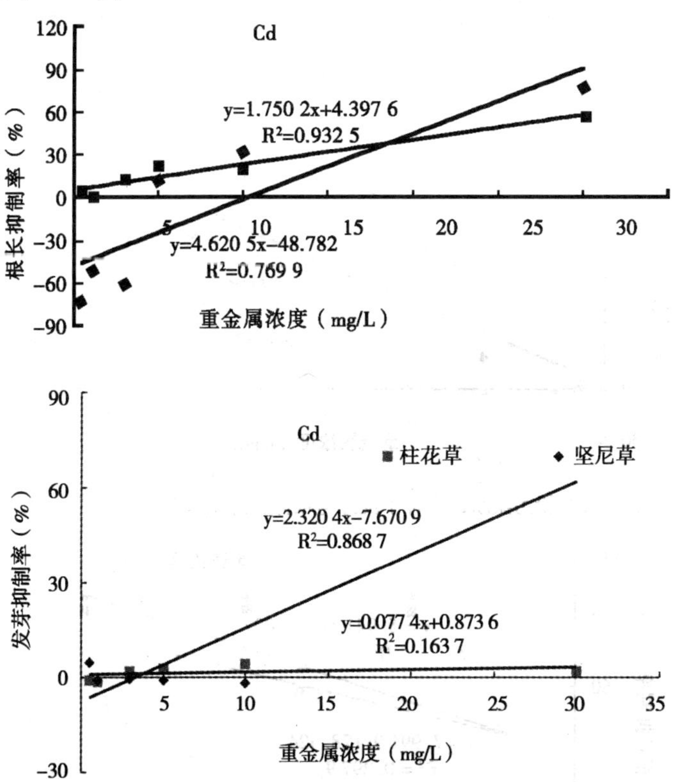

图 4－19　镉污染胁迫下种子发芽与根伸长抑制率影响比较（水培）

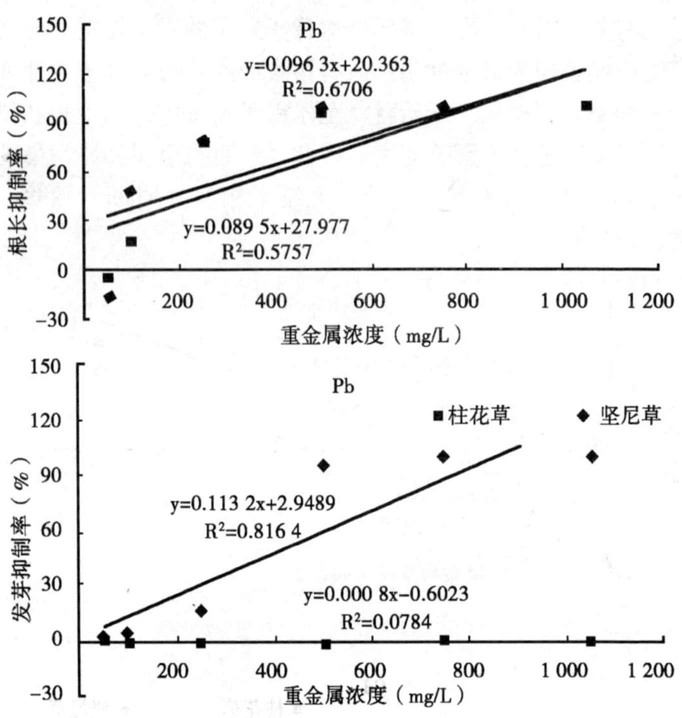

图 4－20　铅污染胁迫下种子发芽与根伸长抑制率影响比较（水培）

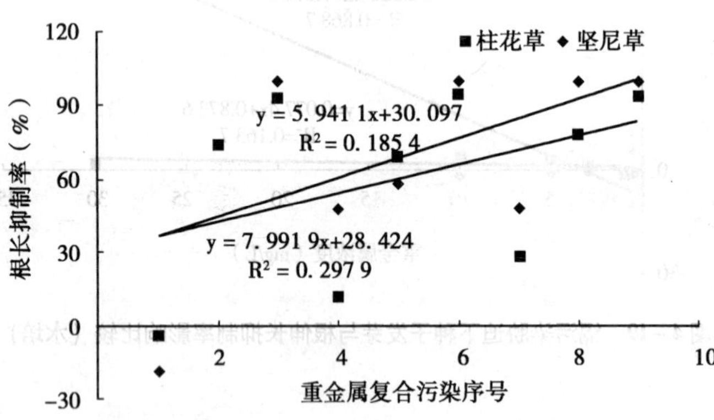

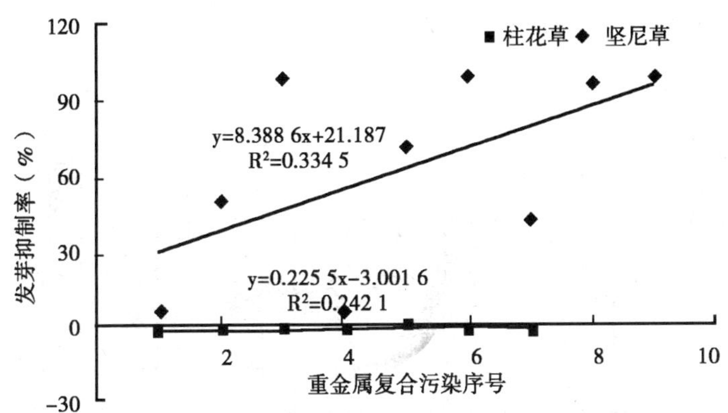

图4-21 复合重金属胁迫对两种热带牧草种子根伸长和发芽抑制率影响比较（水培）

4.2.2 土培实验中镉、铅及其交互作用对坚尼草种子萌发的影响

4.2.2.1 种子发芽率和相对发芽率

由图4-22、图4-23、图4-24可以看出，重金属镉、铅及其交互作用对柱花草的相对发芽率变化不大，也进一步说明柱花草对重金属胁迫不是很敏感，在重金属浓度较高时仍能保持较高的发芽率。单一镉、铅污染对坚尼草的种子发芽过程均能产生轻微的促进作用，但单一镉污染时，相对发芽率的趋势是先降后升，拐点出现在浓度为5mg/kg时。单一铅污染时，相对发芽率为波浪型变动。复合污染时，当铅的浓度为750mg/kg，镉浓度分别为0.5、5mg/kg，均表现出对坚尼草发芽的抑制作用。

4.2.2.2 种子发芽指数和活力指数

由表4-4可以看出，重金属镉、铅单一胁迫时，两种热带牧草的发芽指数和活力指数均大致表现为低浓度胁迫时高于对照，高浓度胁迫时低于对照。复合胁迫下多数处理的发芽指数和活力指数均小于对照。

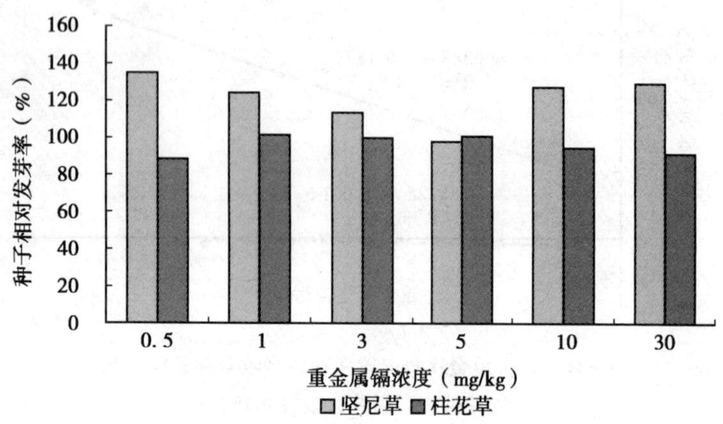

图 4-22　不同浓度镉胁迫下两种牧草相对发芽率的比较（土培）

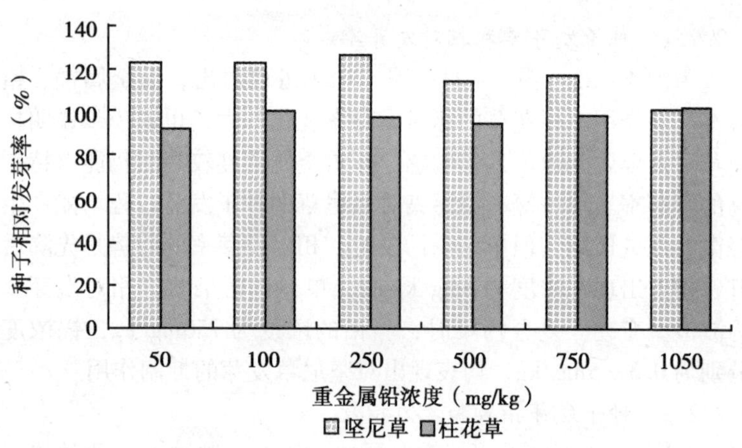

图 4-23　不同浓度铅胁迫下两种牧草相对发芽率的比较（土培）

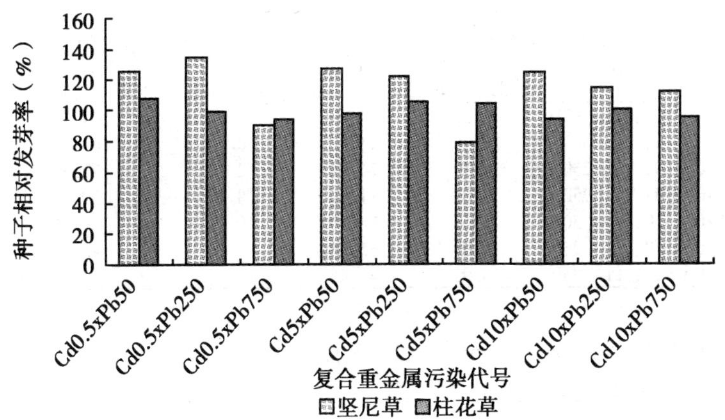

图 4 – 24　不同浓度镉、铅复合胁迫下两种牧草相对发芽率的比较（土培）

表 4 – 4　不同浓度的重金属处理下种子的发芽指数和活力指数（土培）

处理号（mg/kg）	坚尼草		柱花草	
	发芽指数	活力指数	发芽指数	活力指数
CK	12.04	94.72	10.70	68.77
1Cd：0.5	15.87	135.95	10.18	68.03
2Cd：1	13.45	123.05	11.09	70.43
3Cd：3	16.12	136.27	9.43	63.17
4Cd：5	11.99	100.21	12.08	77.84
5Cd：10	15.03	112.40	10.70	69.89
6Cd：30	11.96	81.73	8.30	52.32
7Pb：50	13.43	94.80	10.23	67.01
8Pb：100	12.06	88.54	11.72	76.91
9Pb：250	12.33	86.08	11.09	67.87
10Pb：500	11.14	55.53	9.25	53.43
11Pb：750	11.55	49.24	8.12	37.59
12Pb：1050	9.89	27.00	9.46	36.36
13Cd：0.5；Pb：50	11.90	95.07	9.59	66.71
14Cd：0.5；Pb：250	12.69	81.33	11.10	66.46

续表

处理号（mg/kg）	坚尼草		柱花草	
	发芽指数	活力指数	发芽指数	活力指数
15Cd：0.5；Pb：750	6.28	9.02	8.97	44.77
16Cd：5；Pb：50	11.80	84.90	10.53	69.72
17Cd：5；Pb：250	12.06	74.13	12.71	77.83
18Cd：5；Pb：750	6.60	11.55	8.10	39.77
19Cd：10；Pb：50	11.53	84.70	10.11	64.25
20Cd：10；Pb：250	10.95	65.66	9.63	45.95
21Cd：10；Pb：750	10.91	45.45	11.06	69.85

4.2.2.3 相对胚根长和相对胚芽长

从图4－25（a）可以看出，当柱花草受镉胁迫时，相对胚根长均受到抑制，但各浓度处理间差异不显著。当镉浓度低于5mg/kg时，坚尼草的相对胚根长大于100%，说明以上浓度处理下，对坚尼草的发芽率会有轻微的促进作用，当浓度大于10mg/kg，则表现为明显的抑制作用。从图4－25（b）可知，镉胁迫下对坚尼草的相对胚芽长表现为先升后降的趋势，最大值出现在镉浓度1mg/kg处。除了在高浓度（30mg/kg）小于对照处理的相对胚芽长，其余处理均大于对照。而柱花草的胚芽生长则随浓度增长表现为先降后升再降的趋势，最低值（97%）出现在镉浓度1mg/kg处，说明在该浓度下对胚芽生长有轻微抑制作用。

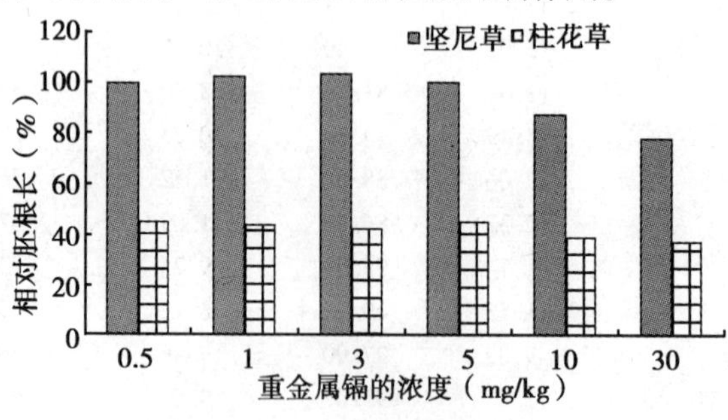

（a）相对胚根长

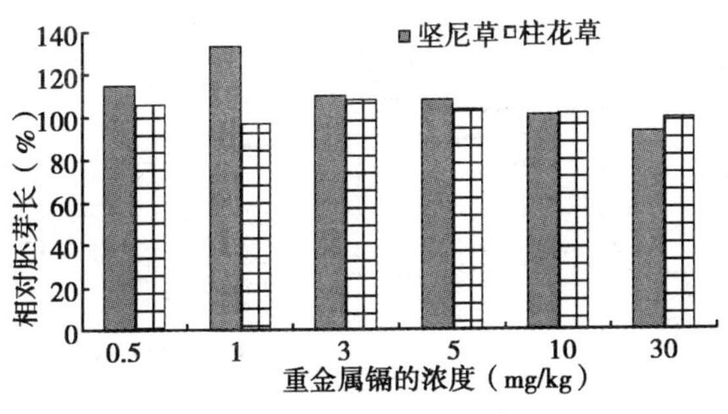

（b）相对胚芽长

图4-25　镉胁迫下坚尼草和柱花草相对胚根长和相对胚芽长的比较（土培）

从图4-26（a）可知，铅胁迫下对两种牧草的相对胚芽长均有明显的抑制作用，对坚尼草的抑制表现为随外源铅浓度的增长相对胚根长持续下降，范围介于8%～84%；而柱花草则先升后降，其范围介于25%～42%之间。说明铅胁迫对胚根生长的负面影响明显。从图4-26（b）可知，铅胁迫下对两种热带牧草的相对胚芽长均表现为先升后降的趋势，说明低浓度下能刺激胚芽生长，高浓度抑制胚芽生长。

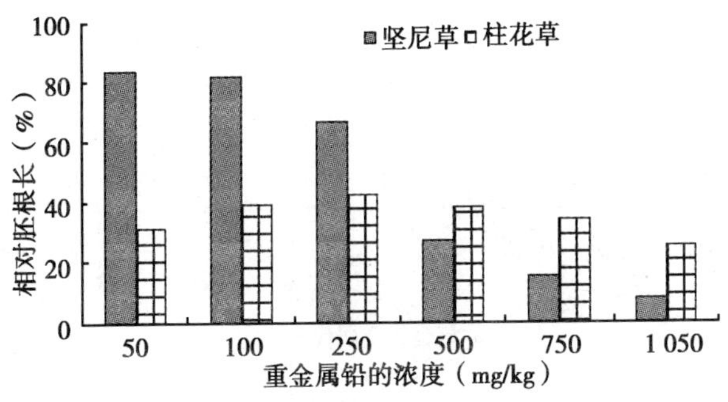

（a）相对胚根长

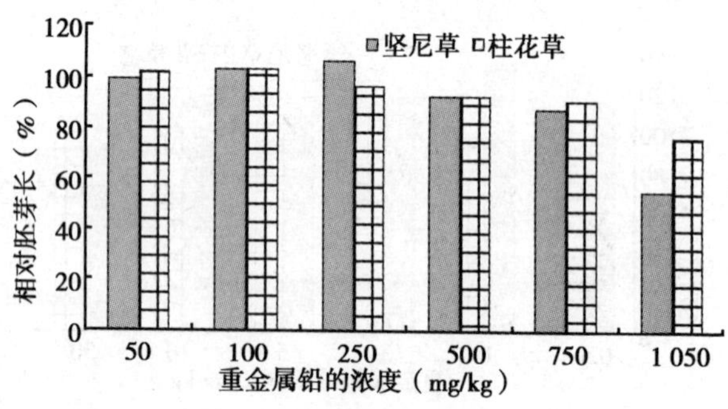

（b）相对胚芽长

图 4-26 铅胁迫下坚尼草和柱花草相对胚根长和相对胚芽长的比较（土培）

从图 4-27（a）可知，复合胁迫下，两种重金属对两种牧草胚根生长的抑制均起拮抗作用，当镉浓度一定时，随铅浓度增加抑制作用加剧。从图 4-27（b）可知，低浓度复合胁迫下，可轻微刺激两种牧草胚芽生长，但大多数的处理均表现为轻微的抑制作用。

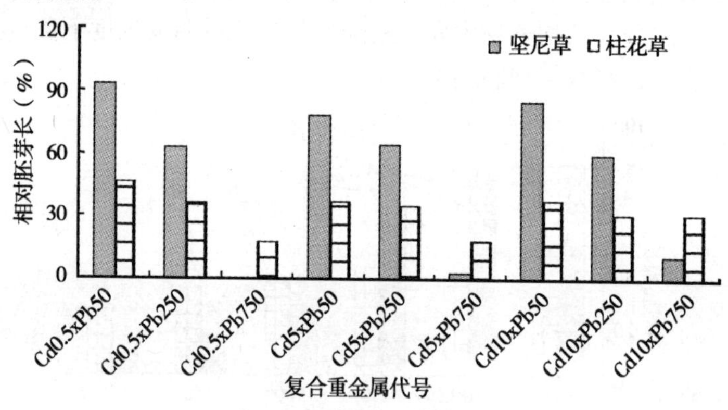

（a）相对胚根长

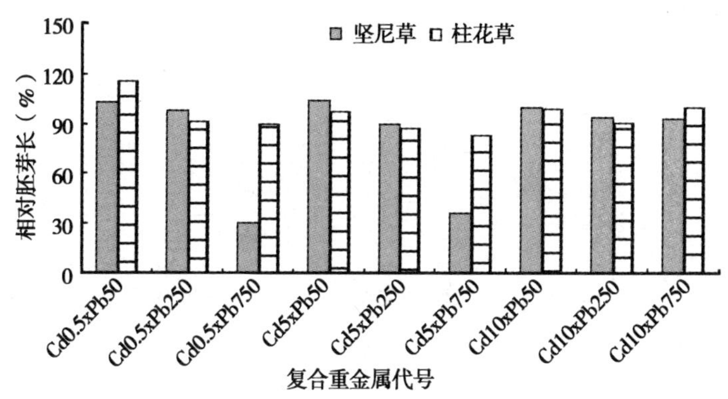

（b）相对胚芽长

图 4－27　复合污染胁迫下坚尼草和柱花草相对胚根长和相对胚芽长的比较（土培）

4.2.2.4　重金属浓度—抑制率的回归分析

本研究比较了土培条件下铅、镉及其交互作用对两种热带牧草种子发芽与根伸长的抑制效应。以剂量—效应关系作图将所得结果进行回归分析。由图 4－28、图 4－29、图 4－30 可见，无论是单一镉、铅胁迫还是复合胁迫下，对坚尼草的出芽抑制率均为负值，即表现为无抑制效应，单一铅胁迫浓度与出芽抑制率的相关性较好（R^2 = 0.771 9）。单一镉胁迫下，对坚尼草根长抑制率表现为，低浓度时无抑制作用而高浓度时轻微抑制，且外源镉浓度与根长抑制率的相关性较好（R^2 = 0.876 1）。单一铅胁迫下，对坚尼草根长抑制率随外源铅浓度的增加而持续上升，且相关性好（R^2 = 0.922 8）。

本研究还将水培实验和土培实验的根伸长抑制率、发芽抑制率等相关数据进行对比，发现重金属在土壤中的生态毒性效应明显低于水体。这表明，土壤对重金属污染有很强的缓冲作用。

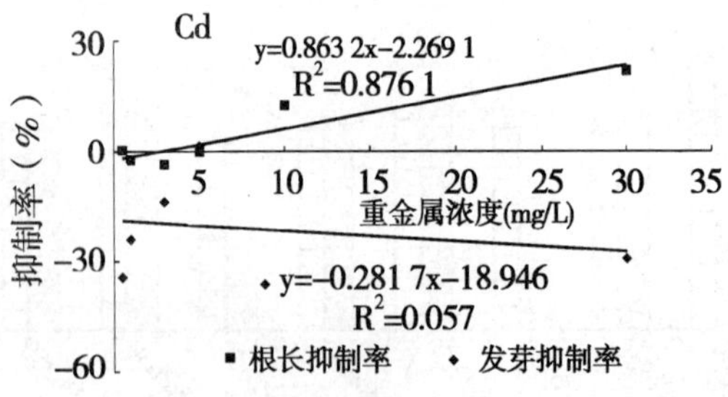

(a) 坚尼草

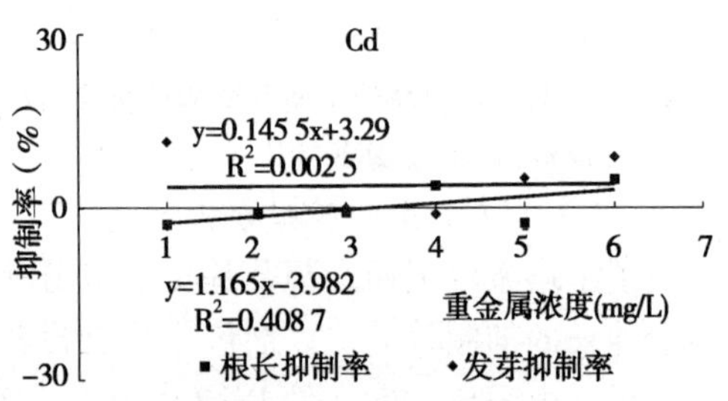

(b) 柱花草

图 4－28　Cd 污染胁迫下种子发芽与根伸长抑制率影响比较（土培）

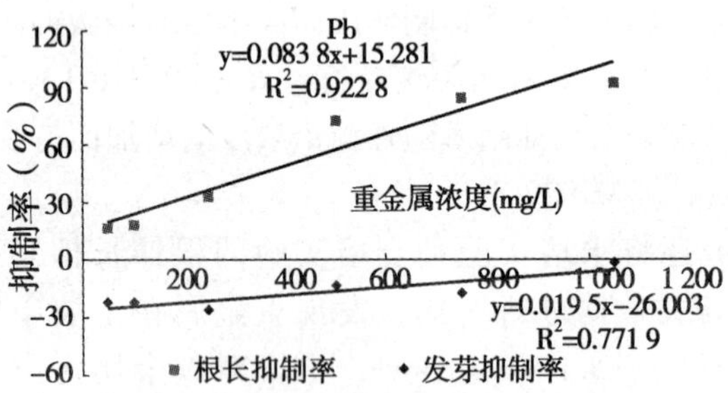

(a) 坚尼草

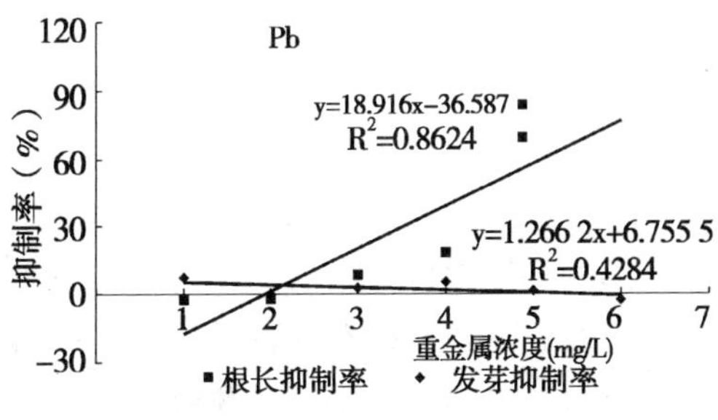

（b）柱花草

图 4-29　Pb 污染胁迫下种子发芽与根伸长抑制率影响比较（土培）

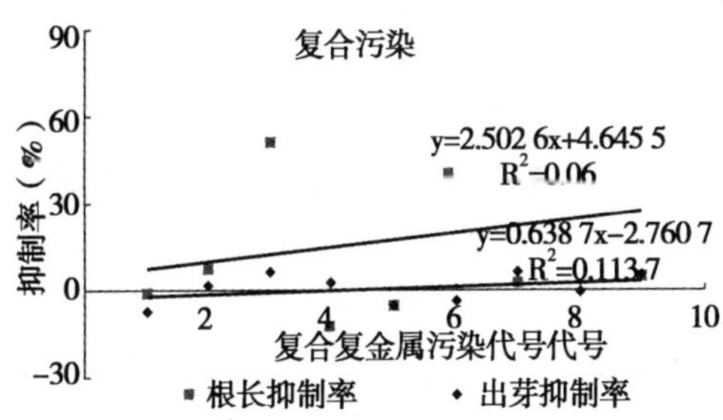

（a）坚尼草

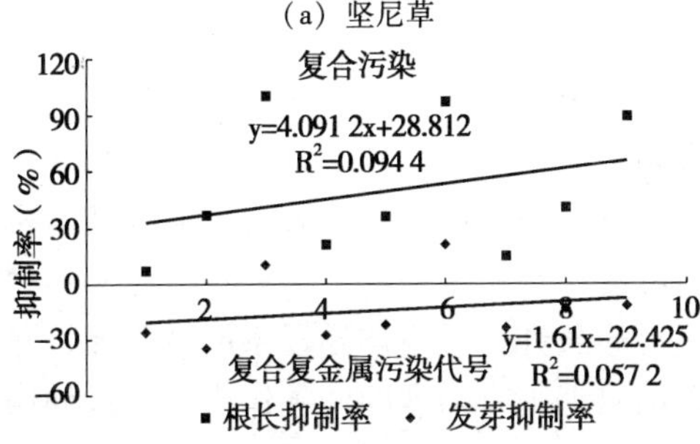

（b）柱花草

图 4-30　复合重金属胁迫对两种热带牧草种子根伸长抑制率影响比较（土培）

4.3 本章总结

一般认为，重金属对种子萌发的影响存在一个较低浓度下刺激效应和高浓度下的抑制效应。本研究水培发芽率实验中，不同浓度的重金属污染对坚尼草、柱花草种子发芽过程均产生一定的影响。外源镉污染对坚尼草发芽率、发芽势、发芽指数、活力指数的影响均表现为“低促高抑”，前三者的阈值浓度为10mg/L，活力指数的阈值浓度为3mg/L。这与前人对大麦、油菜的发芽率研究结果相似。造成“低促高抑”现象的原因可能是低浓度的镉可提高胚的生理活性，促进萌发；而高浓度镉对胚、芽等产生了伤害作用，并且高浓度镉胁迫抑制淀粉酶、蛋白酶活性，即会抑制种子内贮藏淀粉和蛋白质的分解，从而影响种子萌发所需要的物质和能力，致使种子萌发受到抑制。从土培实验结论表明，外源镉污染对坚尼草发芽率的影响表现为低抑高促，这可能与土壤具有一定的缓冲能力有关。而活力指数和发芽指数为“低促高抑”，这可能与种子电解质外渗率的变化有关，具体原因尚有待进一步研究。

在水培和土培不同条件下，坚尼草种子萌发过程中，镉对根长、芽长的影响不同。水培条件下，镉胁迫对根的抑制作用小于芽，土培试验条件下则相反。土培结论与前人结论相同。造成这种结果的原因可能在于水培条件下镉更容易迁移到芽，减少了对根的伤害；而土培条件下，镉诱导根系产生乙烯，并向地上部分传导，逆境乙烯对细胞有强烈的伤害作用，而这种伤害作用首先发生在根部。本研究由于条件限制，未能对高浓度镉胁迫下，种子活力丧失的原因进行深入研究。

水培条件下，铅对坚尼草发芽率、发芽势、发芽指数的影响与镉的影响不同，均表现为单抑效应，而活力指数为“低促高抑”，且各处理浓度（50 ~ 1 050mg/L）铅污染对坚尼草的种子发芽均有负面影响。说明铅胁迫对坚尼草种子萌发后的幼苗生长抑制更加强烈，同时，可推测铅影响坚尼草种子萌发的途径和机制与镉不同。

水培条件下，镉、铅复合污染对坚尼草种子发芽的影响具有拮抗作用，且当镉浓度一定随铅浓度升高时，对发芽的抑制影响越明显。土培条件下，复合污染对坚尼草种子发芽率的影响较小，多数处理均大于对照发芽率，说明土壤具有较强的重金属缓冲能力。

无论是水培还是土培，不同浓度的镉、铅处理及其交互处理对柱花草发芽率的影响较小，说明柱花草种子在萌芽阶段的抗重金属胁迫能力较强，发芽过程受环境重金属离子的影响不大。但其发芽指数和活力指数均低于对照，说明柱花草对重金属的耐受程度有限。这可能与柱花草种子结构和功能有关，例如，柱花草种子能维持细胞中核酸含量，使其保持相对稳定，保持细胞膜透性能力的相对稳定等。

第 5 章　重金属对热带牧草生长的影响

据报道，我国主要的各大城市郊区的土壤及蔬菜都已普遍受到一定程度的重金属污染，尤其是镉、铅、汞的污染。而且，土壤重金属污染常常是 2 种或 2 种以上元素同时作用形成的复合污染，例如，污泥土地利用、污水灌溉等往往是多元素同时进入土壤—植物系统。植物生长受抑制和生物量积累的减少是重金属对高等植物毒害的普遍反应（Ouariti，et al，1997）。重金属元素以及元素间的联合作用对作物的产量及元素在作物体内的再分配有着至关重要的影响。

本研究选择生物量、株高等指标探讨土培条件下镉、铅及其交互作用对热带牧草生长的影响，同时采用 Duncan 法进行了多重比较作物各部位产量的差异，提示重金属污染及其生态效应，为评价环境质量及采取污染防治措施提供科学依据。

5.1　试验设计与方法

5.1.1　供试材料

供试土壤采自海南省儋州市郊农业用地土壤，其耕层（0 ~ 20cm）土壤基本理化性状如表 4 - 2 所示。

5.1.2　试验设计

土壤风干后，过 2mm 筛。将土壤装入塑料盆中（盆口径 19cm，底径 13cm，盆深 17cm，底部有孔），每盆装入 3kg 土壤。外源加入不同浓度的 $CdCl_2 \cdot 2.5H_2O$（分析纯）溶液，制成不同浓度的重金属污染土壤。添加的镉含量（以 Cd^{2+} 计）浓度梯度为 0.3，0.5，1.0，5.0，10.0mg/kg。外源加入不同浓度的 $Pb(NO_3)_2$（分析纯）溶液，制成不同浓度的重金属污染土壤。添加的铅含量（以 Pb^{2+} 计）浓度梯度为 50，100，250，500，750mg/kg。复合重金属污染土壤的镉、铅浓度处理同表 4－1。

每盆施 2.25g $(NH_4)_2SO_4$；0.93gKH_2PO_4；0.24gKCl 作为底肥。在肥料和重金属加入土壤后，陈化四周，并加去离子水保持湿润，使含水量为田间持水量的 70%，陈化期满，将催芽后的坚尼草种子小心地移入盆中。每盆移栽 30 株，一星期后间苗，留长势均匀的植株 20 株。植物生长期间每日浇去离子水，保持湿润，注意保持各处理间浇水量一致。生长期间防止虫害，经常捉虫，不打农药，以防止打农药而造成的污染，减少试验误差。

本研究盆栽实验分两个阶段进行，第一阶段为镉胁迫下对坚尼草的生长影响研究，共 51 盆，植物生长期从 2006 年 12 月 15 日起，2007 年 3 月 15 日止，分别收获地上部分和地下部分。第二阶段为铅胁迫和复合重金属胁迫下对坚尼草的生长影响研究，共 45 盆，植物生长期从 2007 年 11 月 8 日起，2008 年 1 月 18 日止，分别收获地上部分和地下部分。

另外，本实验于第一阶段实验中设计施用有机肥改良土壤的盆栽方法，每盆（盆口径 19cm，底径 13cm，盆深 17cm，底部有孔）装 3kg 土壤，共设 6 种不同含 Cd 浓度的土壤（如表 5－1）且以施加有机肥和不施有机肥为对照，每次处理重复 3 次。重金属镉以溶液形式加入土壤，以 Cd^{2+}（$CdCl_2 \cdot 2.5H_2O$）分析纯配制。在肥料和重金属加入后，并加水保持湿润，陈化四周后再播种。其他同上。

表 5-1　土壤改良实验处理设计

处理	Cd（mg/kg）	A_1CK	$A_2$0.3	$A_3$0.5	$A_4$1.0	$A_5$5.0	$A_6$10
B_1	不施有机肥	A_1B_1	A_2B_1	A_3B_1	A_4B_1	A_5B_1	A_6B_1
B_2	施有机肥	A_1B_2	A_2B_2	A_3B_2	A_4B_2	A_5B_2	A_6B_2

5.1.3　分析项目与测定方法

5.1.3.1　株高的测量

本研究第一阶段实验分别于2007年1月7日、1月24日、2月5日、2月16日和3月15日测量坚尼草的株高，第二阶段实验分别于2007年11月26日、12月14日、2008年1月2日和2008年1月18日测量坚尼草的株高。文中如未特别说明株高的日期，则为植株收获（2007年3月15日或2008年1月18日）时测量所得株高。具体测量方法为：用木直尺从露土的茎至最高的叶尖的距离。测量每盆中的所有坚尼草的株高，每一处理的株高值为该处理中所有坚尼草的平均值。

5.1.3.2　生物量的测定

坚尼草生长期满时，沿土表剪取地上部分，同时洗出根系，用蒸馏水反复洗净，用吸水纸把表面水揩干，测定地上部和地下部鲜重。在105℃下杀青30min，然后在70℃烘干至恒重后，称量地上部和地下部干重。并将上述烘干样品用粉碎机磨细，过筛后在干燥器中保存待用。

5.1.4　数据处理与分析

本研究采用国际通用SAS统计软件和Microsoft Excel软件进

行实验数据的处理及相关统计分析，采用 Duncan 法进行多重比较检验处理间差异程度。

5.2　结果与分析

5.2.1　镉对坚尼草生长的影响

重金属镉胁迫下对坚尼草株高、地上部干重、地下部等具体指标以及 SAS 统计各处理间的差异显著性分析结果如表 5－2 所示。

表 5－2　镉胁迫对株高、地上部干重和地下部干重的影响（n＝3）

处理元素	处理浓度 (mg/kg)	株高 (cm)				地上部干重 (g/盆)				地下部干重 (g/盆)			
		$\bar{x}$	SD	0.05	0.01	$\bar{x}$	SD	0.05	0.01	$\bar{x}$	SD	0.05	0.01
Cd	0	82.47	4.15	b	B	34.51	1.02	b	B	10.19	0.69	a	A
	0.3	91.40	1.04	a	A	49.14	4.61	a	A	12.43	1.02	a	A
	0.5	89.10	2.15	a	AB	39.30	2.77	b	AB	12.33	1.31	a	A
	1	81.13	1.60	b	BC	35.35	2.90	b	B	10.80	0.86	a	A
	5	78.67	2.18	b	C	34.93	0.82	b	B	9.91	0.08	a	A
	10	81.47	5.98	b	BC	34.44	3.75	b	B	9.78	0.66	a	A

注：同一竖列的不同字母表示用 Duncan 法检验处理间差异程度，a、b、c、d 表示 5% 水平上的差异显著性水平，A、B、C、D 表示 1% 水平上的差异极显著性水平。

5.2.1.1　对株高的影响

株高在一定程度上反映了植株的生物生长量，株高的抑制率越高说明重金属对它的生物生长量影响越大，对镉越敏感，耐性越弱。图 5－1 反映了镉处理后不同时期株高的变化情况。从图 5－1 可以看出，在 5 个时期中，种植初期各处理的株高均相差不大，随着生育期的推进，镉浓度为 0.3mg/kg 处理的株高上升的趋势较大。收获时，该处理的坚尼草株高显著高于其他处理。相对于对照处理来看，该浓度处理的株高增加 10.9%。另外，本研究还发现，在2007年1月7日第一次测定株高时，镉浓度为10.0mg/kg时，其株高高于对照，但此之后均低于对照。说明镉能在坚尼草幼苗期刺激植物生长，坚尼草在幼苗期间对镉有一定的耐受能力，但耐受期不长。SAS统计表明，当显著水平a=0.01时，浓度为0.3mg/kg处理与除0.5mg/kg处理外的其他处理间差异达极显著。

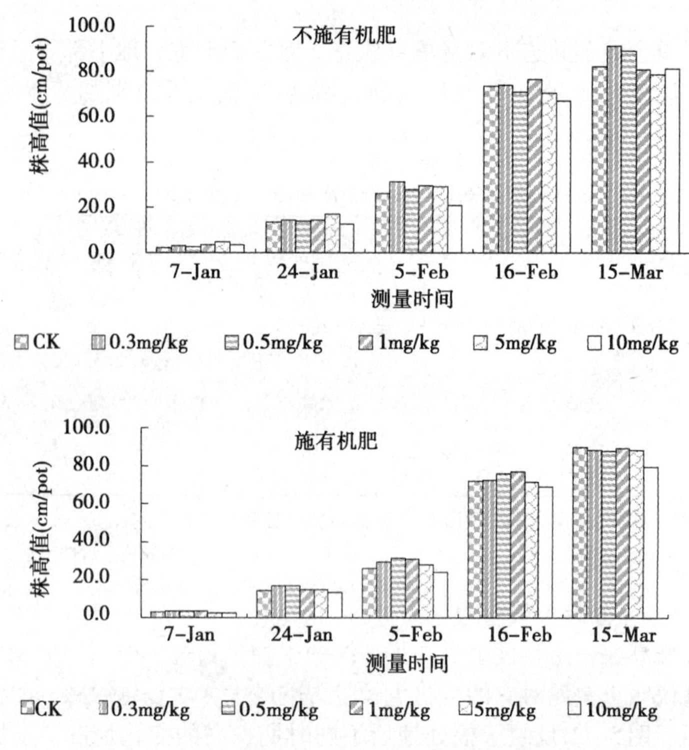

图5-1　不同生长期镉胁迫对坚尼草株高的影响

图5-2为收获期施与不施有机肥条件下坚尼草株高的比较。从图5-1、图5-2中可以看出，当不施有机肥，随着重金属镉

浓度的增加，株高呈现先升后降的趋势。重金属镉的浓度不大于 0. 5mg/kg 时，坚尼草的株高均大于对照。说明，在低浓度重金属胁迫下，可以促进坚尼草的生长。而施入有机肥则使各处理株高均小于对照，且高浓度（10mg/kg）时差异达极显著。

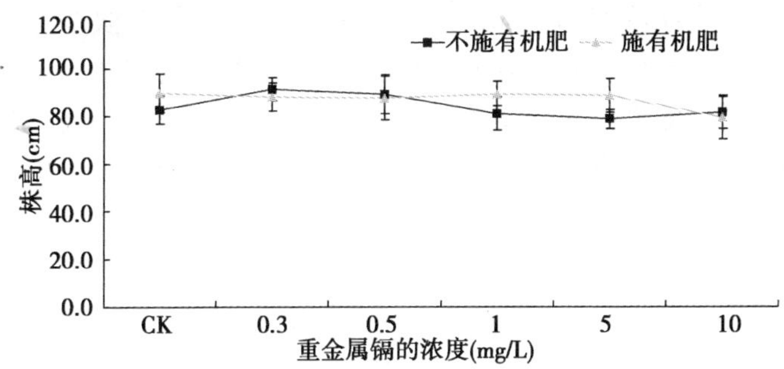

图 5－2　镉胁迫下施与不施有机肥对坚尼草株高的影响比较

5. 2. 1. 2　对坚尼草产量的影响

牧草产量主要以经济产量作为品质的重要指标。经济产量是指种植该作物所要收获的主产品重量。土壤元素的临界含量（土壤元素环境质量基准）是制定土壤环境质量基准方法之一的生态环境效应法，是基于土壤—植物体系、土壤—微生物体系、土壤—水体系或其中任何一种体系的环境质量标准，推算土壤中重金属元素的最高允许浓度。应用生态环境效应法得出的土壤环境质量基准值是有害物质在土壤中有所积累，但对农作物和环境尚没有造成危害和污染。为此，国家土壤环境容量协作组于 1991 年制定了以作物产量为依据来确定土壤临界含量的方法。依据规定，将植物生物量或产量减少 5% ~10% 时，土壤有害物质的浓度为土壤有害物质的最大允许浓度。

镉胁迫对坚尼草产量的影响如表 5－2、图 5－3 所示。由表 5－2 可知，当镉浓度为 0. 3mg/kg 时，坚尼草的产量最大，平均干重为61.57g/pot，较对照增加了27.4%。由图5－3可以看到，随着土壤镉浓度的提高，坚尼草生物量先增高后减少，坚尼草的地下部产量与对照相比，也呈现出先增后减的趋势。这表明，低浓度镉对坚尼草有刺激作用，但高浓度镉胁迫对坚尼草会产生毒害作用。当镉浓度达10mg/kg时，地上部产量比对照略有减少（0.2%）。该浓度虽未达到土壤有害物质的最大允许浓度，但从趋势上看，随着浓度继续增大，减产量将增大，因此可将坚尼草受毒害土壤中镉含量的阈值设定为10mg/kg或稍高于此值。重金属胁迫的毒理可能在于破坏植物细胞核、线粒体、叶绿体超微结构、减少叶绿素、抗坏血酸含量，降低硝酸还原酶、脱氢酶活性，继而阻碍植物呼吸代谢、光合作用、氢素还原、细胞分裂等生理功能正常进行，并最终影响植物品质与生物量。本研究尚未对毒害的机理进行深入探讨，有待于进一步研究。统计表明，当显著水平a＝0.05时，镉浓度为0.3mg/kg处理与其他处理间的达显著差异水平。在a＝0.01水平上，0.3mg/kg、0.5mg/kg处理与对照达极显著差异。

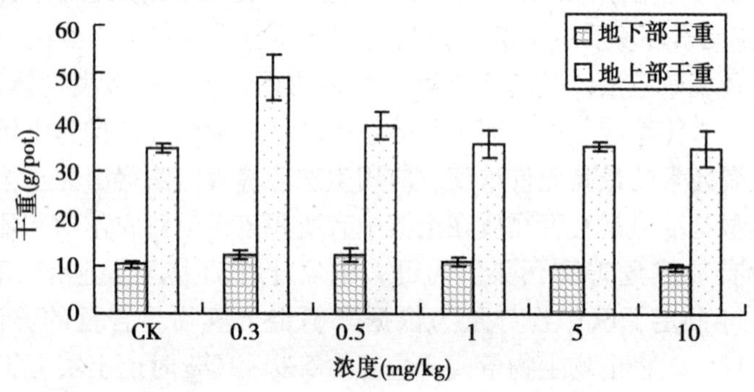

图5－3　镉胁迫对坚尼草生物量的影响

通过比较分析，重金属及其各处理水平对坚尼草株高和地下部干重的影响趋势分析，由此可以推断镉污染对坚尼草地上部干重的影响主要是通过影响其株高造成的，这对于应用坚尼草修复重金属污染土壤具有现实的指导意义。

从图 5－3 中还可以看出，镉对坚尼草地下部干重的影响趋势表现为先升后降，地上部干重的最大值出现在镉浓度为 0.3mg/kg 时，与对照相比增产 22%。当镉浓度达 5mg/kg 时，开始减产（3%）；镉浓度达 10mg/kg 时，减产 4%，均未达到土壤有害物质的最大允许浓度的设立标准。

综合分析地上部产量和地下部产量可知，当土壤中重金属镉浓度为 0.3mg/kg 时，坚尼草的产草量最大。坚尼草受毒害时，土壤中镉含量的阈值设定为 10mg/kg 或稍高于此值。说明坚尼草对重金属镉的抗性较强，这种特性对于利用坚尼草进行土壤重金属污染区的牧草种植、植被重建、固土和固沙蓄水提供了科学根据。

另外，本研究中施与不施有机肥不同处理下的坚尼草的经济产量，即产草量见下表 5－3 所示。

表 5－3　不同处理下坚尼草经济产量

处理（mg/kg）	0（CK）	0.3	0.5	1	5	10
不施有机肥	34.5g	49.1g	39.3g	35.4g	34.9g	34.4g
施有机肥	37.1g	40.4g	43.4g	38.8g	36.7g	32.2g

*：表中数据为 3 次平均值。

由图 5－4 可知，施与不施有机肥对产草量的影响的总体趋势基本一致，均表现为先升后降。但峰高点出现的镉浓度值不同。在不施有机肥时，当镉浓度为 0.3mg/kg 时，地上部产量最大；在施有机肥时，地上部产量最大时对应的镉浓度为 0.5mg/kg，且施加有机肥处理的坚尼草产量随处理浓度的变化相对平缓。

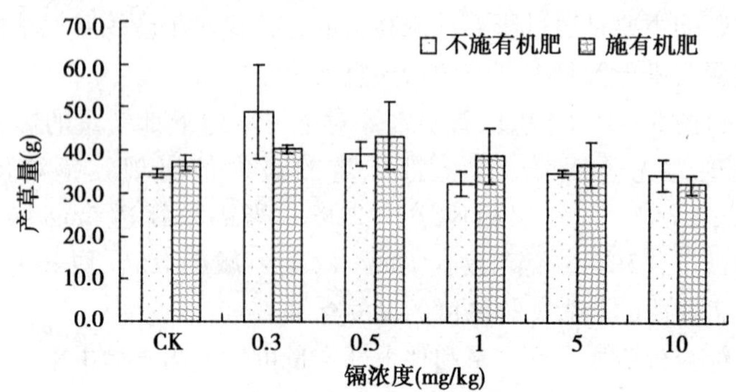

图 5-4　施与不施有机肥条件下不同浓度镉胁迫对坚尼草产草量的影响

5.2.2　铅对坚尼草生长的影响

铅为植物的非必需元素，当它与植物接触后，会对植物产生一定的毒害作用，轻则使植物体内的代谢过程发生紊乱，生长发育受到抑制，重则导致植物死亡。关于铅污染的植物胁迫伤害的机制，国内外已有较多报道（陈怀满等，1996）。有研究表明，铅胁迫的毒理在于破坏植物细胞核、线粒体、叶绿体超微结构、减少叶绿素、抗坏血酸含量，降低硝酸还原酶、脱氢酶活性，继而阻碍植物呼吸代谢、光合作用、氢素还原、细胞分裂等生理功能正常进行，并最终影响植物品质与生物量。本研究中，重金属铅胁迫下对坚尼草株高、地上部干重、地下部等具体指标以及SAS 统计各处理间的差异显著性分析结果如表 5-4 所示。

表 5-4　铅胁迫对株高、地上部干重和地下部干重的影响（n=3）

处理元素	处理浓度 (mg/kg)	株高（cm）				地上部干重（g/盆）				地下部干重（g/盆）			
		$\bar{x}$	SD	0.05	0.01	$\bar{x}$	SD	0.05	0.01	$\bar{x}$	SD	0.05	0.01
Pb	0	60.7	6.1	b	B	26.1	2.55	bc	AB	7.4	1.20	ab	AB
50	68.1	7.0	ab	AB	29.0	3.61	ab	AB	8.5	0.50	ab	AB	

续表

处理元素	处理浓度 (mg/kg)	株高 (cm)				地上部干重 (g/盆)				地下部干重 (g/盆)			
		$\bar{x}$	SD	0.05	0.01	$\bar{x}$	SD	0.05	0.01	$\bar{x}$	SD	0.05	0.01
100	75.3	14.6	a	AB	33.4	4.04	ab	A	10.1	2.00	a	A	
250	70.9	8.4	ab	AB	29.6	4.73	ab	AB	8.0	1.80	ab	AB	
500	76.1	4.5	a	A	35.5	4.40	a	A	6.1	1.20	b	AB	
750	49.7	6.3	c	C	19.4	3.21	c	B	5.8	2.00	b	B	

注：同一竖列的不同字母表示用 Duncan 法检验处理间差异程度，a、b、c、d 表示 5% 水平上的差异显著性水平，A、B、C、D 表示 1% 水平上的差异极显著性水平。

5.2.2.1　对株高的影响

本研究中，铅对坚尼草株高的影响如图 5－5 所示。由图5－5 可以看出，在土壤中铅浓度≤500mg/kg（相当于土壤环境质量三级标准的上限值）时，各处理的株高均大于对照，最大增幅达 25%，说明在此浓度之下，重金属可不同程度地刺激坚尼草株高的增长。而当土壤中沿浓度达 750mg/kg 时，株高下降，与对照差异达极显著。

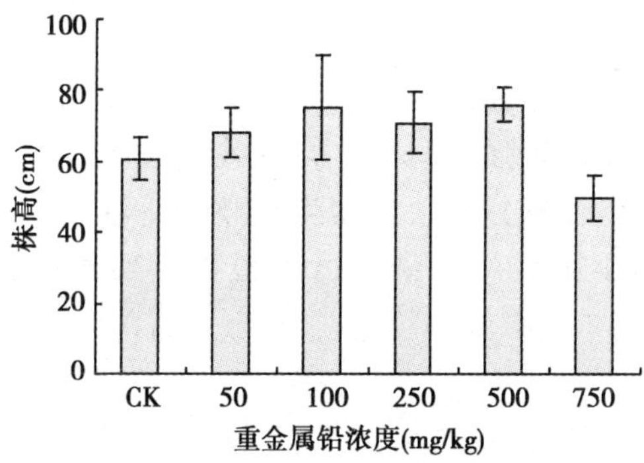

图 5－5　铅胁迫对坚尼草株高的影响

5.2.2.2　对坚尼草产量的影响

铅胁迫对坚尼草地上部和地下部生物量（干重）的影响见图5－6。从图5－6可知，其变化趋势与株高变化趋势基本一致，均表现为在低浓度重金属胁迫下刺激坚尼草生长，高浓度抑制坚尼草生长。当重金属铅浓度为500mg/kg时，地上部生物量较对照增长36%，差异达极显著水平。而当铅浓度为750mg/kg时，地上部生物量较对照减少26%，远远超过了国家土壤环境容量协作组规定的“将植物生物量或产量减少5%～10%时，土壤有害物质的浓度作为土壤有害物质的最大允许浓度”的标准。据此，可以初步将土壤中铅浓度500mg/kg或略大于该浓度设定为对坚尼草的毒性效应临界值。通过对坚尼草株高—地上部干重的回归分析结果表明株高和地上部干重呈显著正相关（$R^2=0.9674$）。因此，可以认为铅对坚尼草地上部干重的影响，主要是通过影响其株高造成的。坚尼草地下部干重在铅浓度为100mg/kg时达到最大，当浓度为500mg/kg、750mg/kg时分别减产17%和21%。在高浓度（750mg/kg）胁迫下，坚尼草地下部减产的幅度不如地上部显著，原因可能是：一是坚尼草地下部生物量本来就小，导致其产量变化不显著；二是由于坚尼草对重金属污染的抗性较强，同时，在盆栽过程中发现坚尼草的主根系深入土层较深，且须根密生于整个土壤层。这一点对于将坚尼草用于重金属污染地区的植被重建和固土蓄水极其有利。

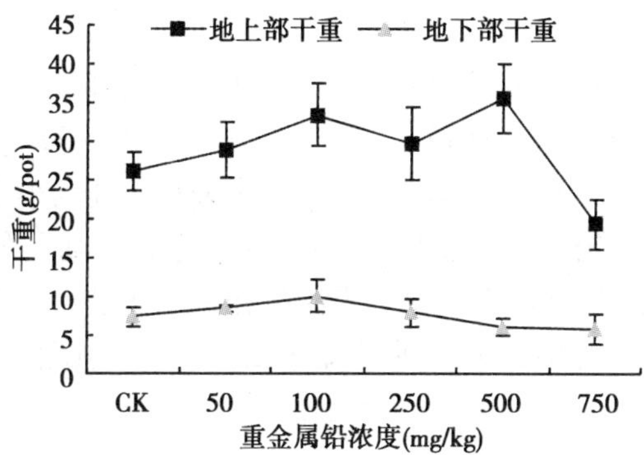

图 5－6　铅胁迫对坚尼草生物量的影响

5.2.3　镉、铅交互作用对坚尼草生长的影响

重金属镉、铅交互作用对坚尼草株高、地上部十重、地下部干重等具体指标以及 SAS 统计各处理间的差异显著性分析结果如表 5－5 所示。

表 5－5　复合胁迫对株高、地上部干重和地下部干重的影响（n＝3）

处理	株高（cm）				地上部干重（g/盆）				地下部干重（g/盆）			
元素	$\bar{x}$	SD	0.05	0.01	$\bar{x}$	SD	0.05	0.01	$\bar{x}$	SD	0.05	0.01
CK	60.7	6.1	a	A	26.1	2.55	a	A	7.4	1.20	ab	A
1	62.2	3.4	a	A	26.0	3.57	a	A	7.7	1.72	a	A
2	48.3	12.3	b	B	20.2	2.64	b	AB	6.0	1.17	bc	AB
3	34.2	8.3	cd	CD	14.3	3.01	dc	BCD	4.2	0.30	de	BCD
4	39.7	2.2	bc	BC	16.6	1.53	bc	BC	4.9	1.10	cd	BC
5	33.2	4.8	cd	CD	13.9	3.65	dc	BCD	4.1	0.55	de	BCD
6	26.0	2.9	de	CDE	10.9	3.00	de	CD	3.2	0.49	ef	CDE
7	16.1	5.8	e	DEF	9.5	1.50	de	DE	2.8	0.46	ef	CDE
8	14.6	7.7	ef	EF	7.7	0.92	fe	DE	2.3	0.35	fg	DE
9	7.8	3.8	f	F	4.0	1.01	f	E	1.2	0.12	g	E

注：同一竖列的不同字母表示用 Duncan 法检验处理间差异程度，a、b、c、d 表示 5% 水平上的差异显著性水平，A、B、C、D 表示 1% 水平上的差异极显著性水平。处理序号 1～9 中重金属镉铅浓度与 2.1.2.1 中一致。

5.2.3.1 对株高的影响

复合重金属胁迫对坚尼草株高的影响如图 5－7 所示。由图 5－7 可见，除第一个处理（Cd：0.5mg/kg；Pb：50mg/kg）的株高略高于对照（差异不显著）外，其余处理株高均小于对照。表明重金属镉、铅除在低浓度时对坚尼草生长略有协同的刺激作用外，在其他浓度下对坚尼草具有拮抗作用。而且，当其中任一种重金属含量一定时，另一种重金属浓度越高，则坚尼草的株高越小。

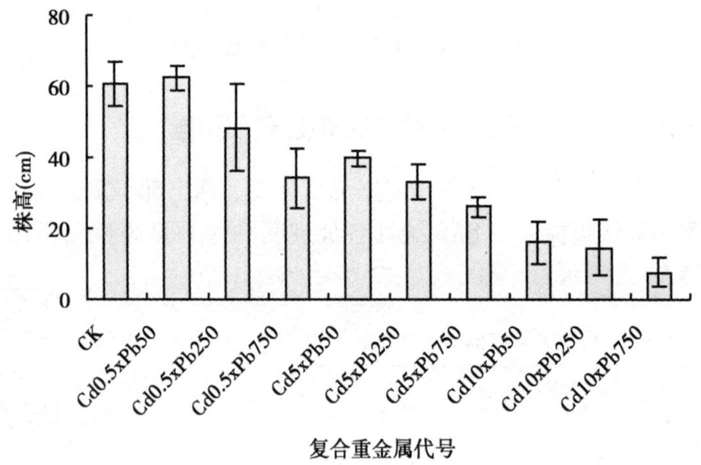

图 5－7 复合胁迫对坚尼草株高的影响

5.2.3.2 对坚尼草产量的影响

盆栽试验现场观察发现，单一重金属胁迫下，坚尼草的长势明显优于复合重金属污染，说明坚尼草抗镉、铅复合重金属污染的能力相对较弱。复合重金属胁迫对坚尼草产量的影响如图 5－8 所示。除处理 1 外，处理 2～9 对坚尼草地上部的减产幅度达 22.61%～84.67%，地下部的减产幅度为 18.92%～83.78%。

从坚尼草株高与地上（下）部干重的相关性分析可知（图5-9），其相关性好，R^2 值分别达0.988 5和0.989 6。表明地上（下）部生物量的减少主要是由于株高的降低所造成的。

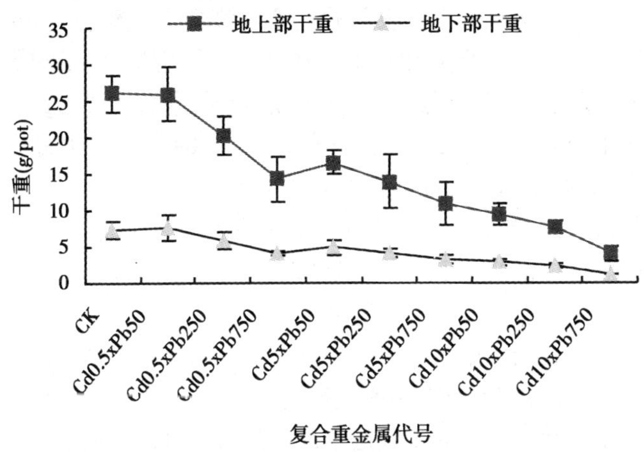

图5-8　复合胁迫对坚尼草生物量的影响

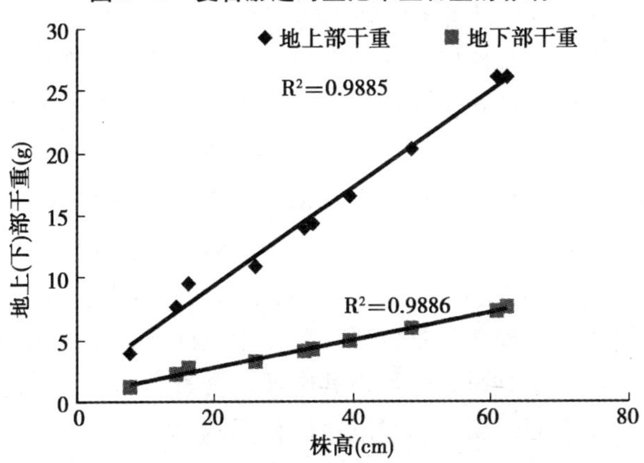

图5-9　复合胁迫下坚尼草株高与地上（下）部干重的相关性分析

5.3 本章总结

红壤是我国南方地区重要的土壤类型之一，多呈强酸性，一般耕地表层有机质低。由于红壤酸性强、腐殖质结构简单、土壤胶体的吸附能力弱，因此，红壤阳离子交换量较小。因此，进入土壤的重金属离子活性很高，极易对作物的生长产生毒害作用（丁园，2001）。前人的研究成果表明，重金属胁迫下对植株生物量的影响的趋势大致有两种：第一种是随着重金属浓度的增加，抑制作用加强（吴双桃，2005；王宏信，2006）；另一种是表现为低促高抑（李铭心，2005）。

单一镉、铅污染对坚尼草株高、地上部干重、地下部干重的影响均大体表现为低促高抑趋势，与李铭心等人的研究结论一致。低浓度镉、铅刺激了坚尼草的生长。这可能是由于铅的加入替换了土壤中其他营养元素的有效吸附位，使得它们从土壤中得到解吸，从而促使土壤中其他必需营养元素的离子更为有效有关；高浓度的抑制作用可能是因为土壤中过量的重金属与土壤组分发生一系列物理和化学反应，导致土壤性质发生变化，从而影响到土壤肥力水平。例如重金属污染能够增加土壤对磷的固定，影响植物对磷的吸收，从而影响植物的生长（王志香，2007）。

坚尼草受毒害土壤中镉、铅含量的阈值可分别设定为10mg/kg、500mg/kg或稍高于此值。盆栽条件下，坚尼草对单一重金属镉、铅的抗性较强。复合镉、铅污染条件下，绝大部分处理的坚尼草株高小于对照。并且当其中任一种重金属含量一定时，另一种重金属浓度越高，则坚尼草的株高越小。

第6章　重金属对热带牧草生理生化指标的影响

抗性生理学研究发现，干旱、盐碱、低温、重金属等逆境与作物生长发育及其体内抗氧化保护系统等生理生化指标的变化相关，研究重金属胁迫下植物生理生化特性的变化，是判断植物对重金属抗性大小的一个很好依据。重金属经各种途径一般先进入土壤并积累，当含量过高时，必然会影响作物的生长发育及产量和品质，污染严重时会造成植物的死亡，并会对植物根系和地上部分的过氧化物酶、过氧化氢酶、脲酶、固氮酶的等酶的活性产生影响。重金属对植物的毒理作用主要是通过其与酶或其他蛋白中的巯基结合而使酶蛋白失活、酶的功能减弱或丧失，从而引起植物生理代谢功能的紊乱，生长发育受阻甚至死亡。研究表明，当镉超过一定浓度后，对叶绿素有破坏作用，并促进抗坏血酸分解，使游离脯氨酸积累，抑制硝酸还原酶活性。本研究以镉、铅重金属为胁迫因子，设置多梯度的污染浓度，研究其对热带牧草体内叶绿素含量、抗氧化酶系统（SOD、CAT、POD、Pro 等）生理生化指标的影响，初步探讨2种重金属对热带牧草的生理毒害效应，为污染生态学的研究和预防热带牧草早期重金属毒害提供理论依据，并为制定适合种植热带牧草的热带土壤中重金属临界毒性效应浓度值提供参考。

6.1　试验设计与方法

6.1.1　供试材料

供试土壤采自海南省儋州市郊农业用地土壤，其耕层（0～

20cm）土壤基本理化性状如表4－2所示。

本研究供试植物为热研8号坚尼草（*Panicum maximum*. Reyan No. 8），种子由中国热带农业科学院热带作物品种资源研究所提供。坚尼草种子经过98%的浓硫酸处理3min，再用自来水冲洗至与自来水的pH值相当后，放入铺有滤纸的培养皿中，将其置于恒温培养箱中，待坚尼草芽长为1～2cm时移栽进盆中。

6.1.2 试验设计

试验在中国热带农业科学院环境与植物保护研究所温室进行，温度为25～28℃，约16/8小时的光/暗周期。实验采用完全方案设计，共6个处理（含对照CK），每个处理重复3次。

6.1.3 分析项目与测定方法

6.1.3.1 叶绿素的测定

取新鲜植物叶片，擦净组织表面污物，剪碎（去掉中脉），混匀。称取剪碎的新鲜样品0.2g，共3份，分别放入研钵中，加少量石英砂和碳酸钙粉及2～3ml 95%乙醇，研成匀浆，再加乙醇10ml，继续研磨至组织变白。静置3～5min。取滤纸1张，置于漏斗中，用乙醇湿润，沿玻棒把提取液倒入漏斗中，过滤到25ml棕色容量瓶中，用少量乙醇冲洗研钵、研棒及残渣数次，最后连同残渣一起倒入漏斗中。用滴管吸取乙醇，将滤纸上的叶绿体色素全部洗入容量瓶中。直至滤纸和残渣中无绿色为止。最后用乙醇定容至25ml，摇匀。把叶绿体色素提取液倒入光径1cm的比色杯内。以95%乙醇为空白，在波长665nm、649nm下测定吸光度。将测定得到的吸光值代入以下公式：

$$C_{Chl\text{-}a} = 13.95A_{665} - 6.88A_{649} \tag{1}$$

$$C_{Chl\text{-}b}=24.96A_{649}-7.32A_{665} \qquad (2)$$

据此即可得到叶绿素a和叶绿素b的浓度（CChl-a、CChl-b，mg/L），两者之和为总叶绿素的浓度。最后根据式（3）可进一步求出植物组织中叶绿素的含量。

叶绿素的含量（mg/kg）=（叶绿素的浓度×提取液体积×稀释倍数）/样品鲜重　　(3)

6.1.3.2 超氧化物歧化酶（SOD）活性的测定

准确称取新鲜叶片0.5g于预冷的研钵内，加1ml预冷的磷酸缓冲液在冰浴上研磨成匀浆，加缓冲液使体积最终成为4ml，转入离心管于3 000g离心10min，上清液即为SOD粗酶提取液。SOD活性参照李合生（2000）氮蓝四唑法测定。

6.1.3.3 过氧化物酶（POD）活性的测定

准备称取新鲜叶片0.5g于预冷的研钵内，剪碎、混匀，加磷酸缓冲溶液于研钵中研磨成匀浆，最终定至4ml，转入离心管中，在4℃、3 000g下离心10min，上清液转入25ml容量瓶中低温保存备用。测定参照李合生（2000）的方法，反应液于470nm处比色，以U/min·gFW为酶活性单位。以每分钟内A470变化0.01为1个过氧化物酶活性单位（U）。

6.1.3.4 过氧化氢酶（CAT）活性的测定

采用陈利锋等的方法。3ml反应体系中（0.2% H_2O_2 1ml、H_2O 1ml），加入适量酶液迅速摇匀，立即测定1、30、60、90、120、150、180s时的A_{240}值，以每克鲜重每分钟OD减少0.01为1个活力单位。

6.1.3.5 脯氨酸（Pro）含量的测定

准确称取新鲜叶片0.5g，脯氨酸的含量测定参照李合生（2000）的磺基水杨酸法。

6.1.4 数据处理与分析

本研究采用国际通用 SAS 统计软件和 Microsoft Excel 软件进行实验数据的处理及相关统计分析。

6.2 结果与分析

6.2.1 坚尼草叶绿素对重金属单一污染的响应

叶绿素是植物光合色素中最重要的一类色素，其含量可受多种逆境的胁迫而下降。污染物使光合作用下降的主要原因之一是叶绿素遭到破坏，尤其是叶绿素 a 受害（孙铁衍等，2001）。重金属对植物光合作用的影响是通过影响光合过程中的电子传递、破坏叶绿体和叶绿素等光合系统的完整性而实现的（杨刚，2006）。绝大多数重金属引起植物受害的最直观表现就是叶片黄化。叶绿素含量的变化，既反应了植物叶片光合作用功能的强弱变化，也可用以表征逆境胁迫下植物组织、器官的衰老状况（黄晓华，2000）。

6.2.1.1 镉对叶绿素的影响

从图 6－1 可以看出随着镉浓度的增加，叶绿素 a 和叶绿素 b 的浓度在投加 0.5mg/kg 处理出现峰值，各处理下叶绿素 a 和叶绿素 b 浓度的变化趋势均表现为先增加后减少，但是均大于对照处理的叶绿素 a 和叶绿素 b 的浓度。说明，外源镉对坚尼草叶绿素的生物合成产生了一定的刺激作用。图 6－2 反映了不同浓度镉胁迫下叶绿素含量的变化，其变化趋势与前述两种叶绿素指标相同。由于本研究所设定最高浓度为 10mg/kg，因此，未能找出抑制叶绿素的临界点，有待进一步研究。SAS 统计软件对各处理叶绿素值的相关性进行分析可知，当显著水平 a＝0.05 和 a＝0.01 时，各处理间叶绿素 a、b

浓度值和叶绿素含量差异均不显著。前人曾对许多植物作过深入研究，发现重金属中毒时会使植株叶片出现黄化、失绿，严重时叶片枯死的现象。但本研究在盆栽观察时并未出现如上类似症状，表明镉能对坚尼草叶绿素合成起积极刺激作用。其生物合成过程与机理尚有待进一步深入研究。

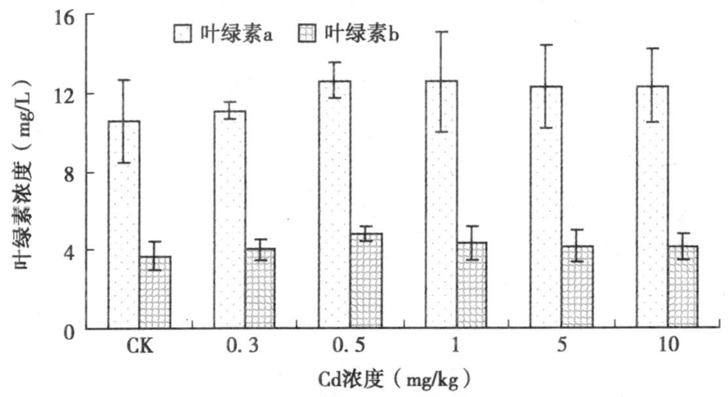

图 6－1　不同浓度镉胁迫下坚尼草叶绿素浓度

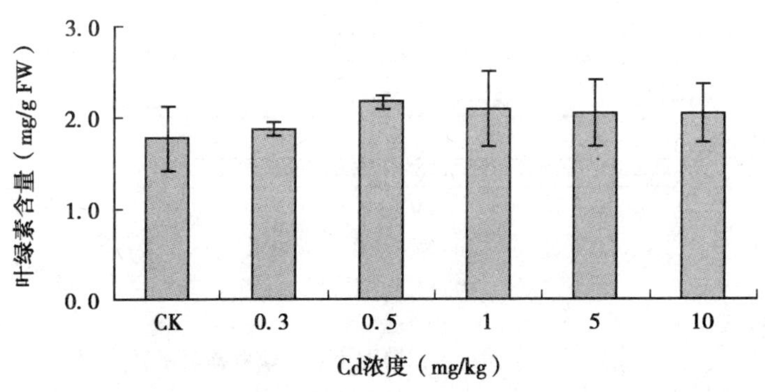

图 6－2　不同浓度镉胁迫下坚尼草叶绿素含量

6.2.1.2　铅对叶绿素的影响

以往学者研究铅等重金属对植物的胁迫发现，其毒害机理表现为破坏叶绿体超微结构、减少叶绿素等。而从图6-3、图6-4可以看出，坚尼草叶片叶绿素含量随外施铅的升高持续升高，这与前人所做的研究成果结论相反（杨刚，2006；黄晓华等，2000），出现该现象的原因尚有待进一步探讨。当外源铅浓度达100mg/kg时与对照相比极显著地增加了叶片叶绿素的含量。其余各外源重金属浓度处理下叶绿素的含量也大于对照处理。说明外源铅的加入促进了叶绿素的生物合成。叶绿素a和叶绿素b浓度的变化规律和叶绿素含量的变化规律一致。这可能也是导致本实验中铅处理下盆栽坚尼草未出现黄化现象的原因之一。

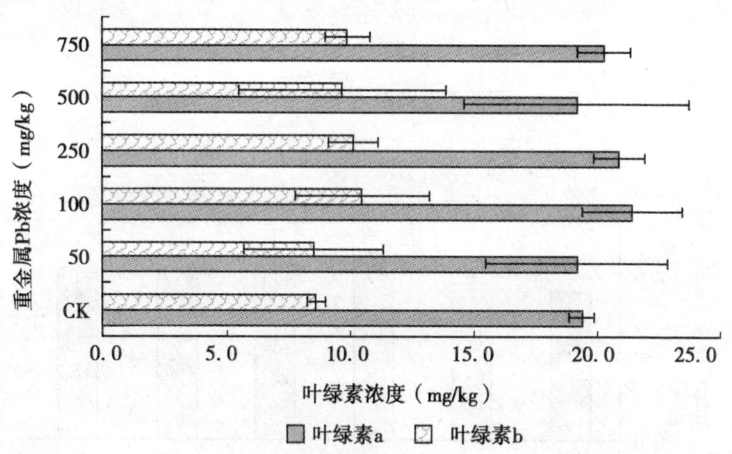

图6-3　不同浓度铅胁迫下坚尼草叶绿素浓度

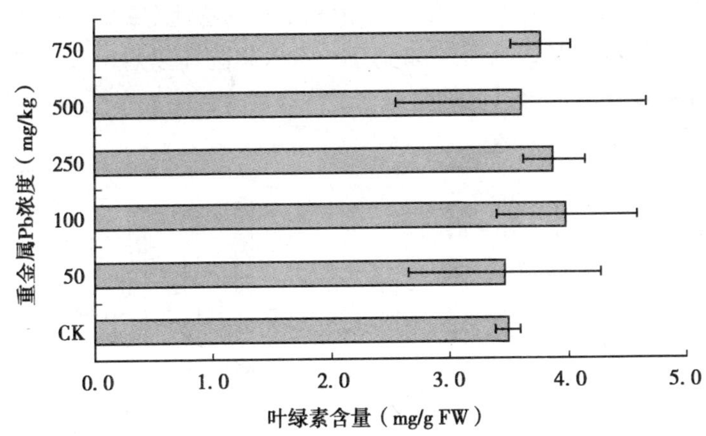

图 6－4　不同浓度铅胁迫下坚尼草叶绿素含量

6.2.2　镉铅交互作用对叶绿素的影响

从图 6－5、图 6－6 可知，除镉（0.5mg/kg）＋铅（50mg/kg）处理对叶绿素 a、b 浓度和叶绿素含量的影响大于对照外，其余处理均小于对照。说明两种重金属在以上浓度交互时对坚尼草起促进作用。而其他处理浓度均能协同抑制叶绿素的形成。

综上所述，单一重金属胁迫下，大部分的处理对叶绿素含量的影响是积极的，但在多数复合重金属胁迫处理下，对叶绿素含量的影响却是消极的。其原因可能是重金属离子被植物吸收后，细胞内（特别是叶绿体等细胞器内）的重金属离子作用于叶绿素生物合成途径的几种酶（原叶绿素酯还原酶、δ-氨基乙酰丙酸合成酶和胆色素原脱氨酶）的肽链中富含-SH 的部分，改变了它们的正常构型，抑制了酶的活性（ChisMarc，et al，1992），或是重金属进入植物体内影响了氨基-r-酮戊酸的合成（赵博生等，1992），从而阻碍了叶绿素的合成。而重金属施加后导致叶绿素含量增加的原因可能一方面与坚尼草本身的特性有关，另一方面也与土壤中的某些物质（如氮等）进入植物体以后，直接参与氨基-r-酮戊酸的合成，从而有利于叶绿素的合成。

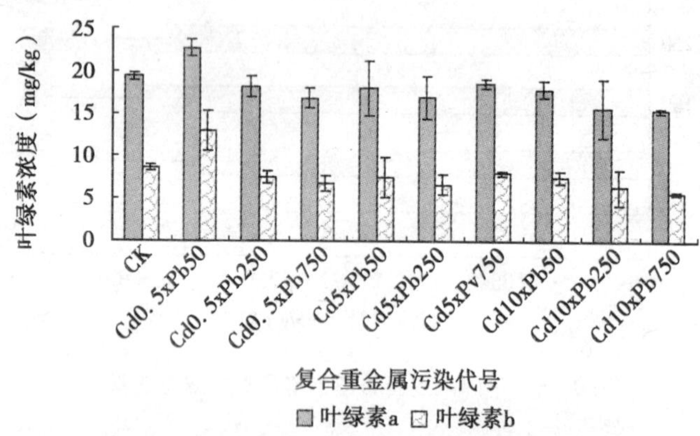

图6-5　不同浓度复合胁迫下坚尼草叶绿素浓度

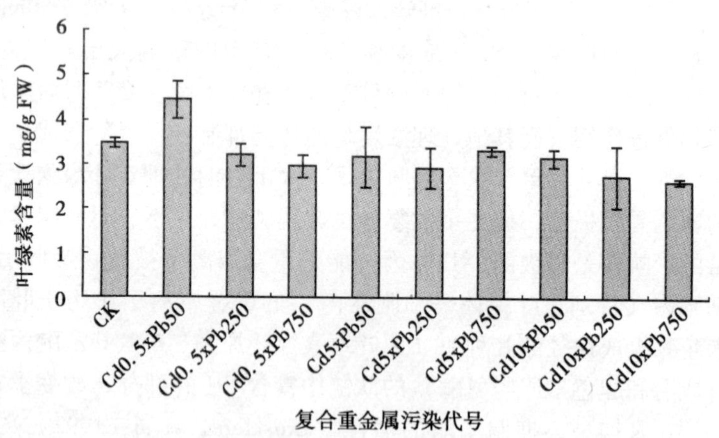

图6-6　不同浓度复合胁迫下坚尼草叶绿素含量

6.2.3　镉、铅单一胁迫对坚尼草叶片SOD、CAT、POD活性的影响

正常情况下，植物体内的活性氧代谢始终是保持平衡的。当重金属处理植物时，细胞内自由基的产生和清除之间的平衡受到破坏，导致大量的活性氧自由基产生，从而使细胞膜脂过氧化加剧，从而引起膜损伤，植物生长受到影响。植物体存在清除活性氧自由基、抑制膜质过氧化的抗氧化酶系统，主要包括超氧化物歧化酶（SOD）、过氧化物酶（POD）和过氧化氢酶（CAT）三种酶类。重金属处理引起的SOD、POD和CAT活性变化，反映了重金属胁迫使活性氧自由基增多，膜质过氧化加剧。植物在重金属胁迫下，虽然也相应地产生了多种抵抗重金属毒害的防御机制，但是，当细胞内的重金属离子使这种防御体系达到饱和后，活性氧的增加远远超过正常的歧化能力，既诱导了活性氧的生成，又影响了整个活性氧清除系统对活性氧的清除能力。结果必然导致整个生理生化过程紊乱，植物生长受到影响，生物量减少，甚至造成植物细胞膜结构破坏，导致植物死亡。

6.2.3.1　坚尼草叶片SOD活性对重金属单一污染的响应

超氧化物歧化酶（SOD）是一类催化超氧阴离子自由基发生歧化反应的金属酶，也是目前为止发现的唯一的以自由基为底物的酶。所以，在维护生物机体内自由基产生与清除的动态平衡中起到极其重要的作用，SOD酶是防护氧自由基对细胞膜系统伤害的保护酶（张学明等，1998）。镉、铅胁迫对坚尼草叶片超氧化物歧化酶活性的影响见图6－7。

从图6－7（a）可以看出，随着外源镉浓度的增加，SOD活性先上升后下降，在0.3mg/kg时达到最大值，增幅达11%。当镉浓度处于土壤环境质量三级标准上限值（1mg/kg）时，SOD活性仍比对照高。而当继续增加外源镉浓度时，活性显著降低。

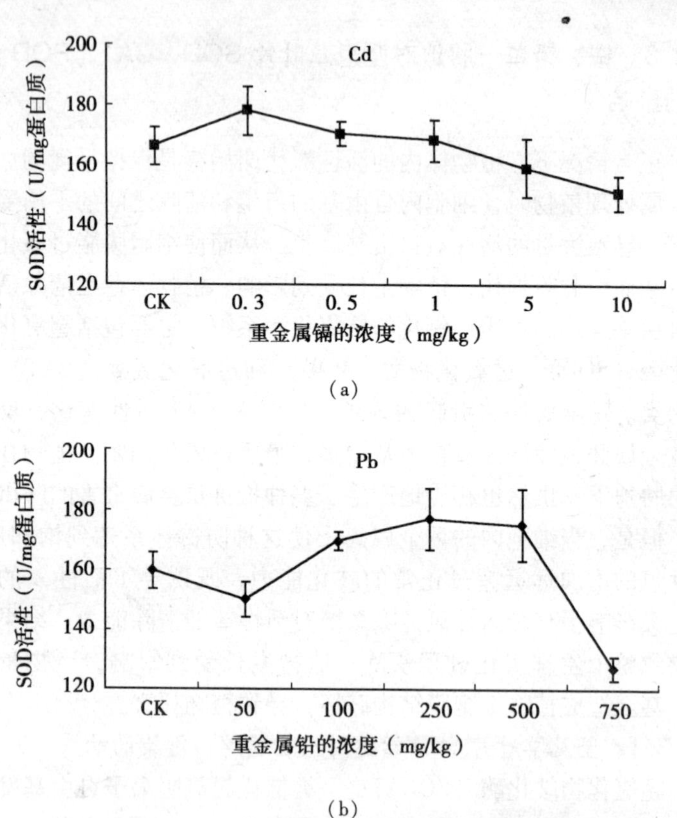

图6-7　坚尼草SOD对单一重金属胁迫的响应

表明在一定范围镉浓度胁迫下，坚尼草内可极大促进诱导SOD的合成，但在5mg/kg时则产生抑制作用。这种趋势说明，低浓度镉对其胁迫下产生的活性氧有一定的消除作用，但其维持系统稳定的能力是有限的，随着胁迫强度增加，这种能力会逐渐丧失，可能会导致膜脂过氧化作用加强，对植株产生毒害作用。

由图6-7（b）可知，随着铅浓度的增加，SOD呈现先降后升再急剧下降的趋势。当铅浓度处于土壤环境质量二级标准上限值（250mg/kg）时，SOD 活性达最大值。当铅浓度高于三级标准上限值（500mg/kg）时，SOD 活性显著下降。研究表明，SOD 作为超氧自由基清除剂，其活性高低与植物抗逆性大小存在相关性。在适度逆境诱导下，SOD 活性会增加，植物的适应能力随之提高（孙健，2006）。

目前的相关研究成果表明，SOD 活性随重金属浓度的变化大致有三种趋势：一是随重金属浓度的增加，SOD 活性先增后减（罗广华等，1989；吴涛，2005）；二是随重金属浓度增加，SOD 活性增加（严重玲等，1998）；三是随重金属浓度的增加 SOD 活性先降后升（孙健，2006）。本研究中镉胁迫下坚尼草 SOD 活性变化趋势基本与第一类相似，铅胁迫下坚尼草 SOD 活性变化趋势基本与第三类相似。镉、铅胁迫下均易诱导坚尼草叶片中 SOD 的合成，这可能是坚尼草对这两种重金属胁迫可产生不同的诱导机制有关。

6.2.3.2　坚尼草叶片 CAT 活性对重金属单一污染的响应

CAT 是植物体内一种重要的氧化还原酶，是一种含铁的血蛋白酶类，可以清除植物通过呼吸代谢或者光合作用等途径催化 H_2O_2 分解成 H_2O 和 O_2，清除植物体内过多的活性氧物质，维持活性氧代谢平衡，保护细胞膜的完整性。因此与植物代谢强度及抗逆境能力密切相关，CAT 活性的提高能更有效的清除 H_2O_2（杨凯，2006）。CAT 是生物氧化过程一系列抗氧化酶的终端，逆境因子对生物生理的影响，可以通过终端酶 CAT 表现出来（孙健，2006）。

重金属单一胁迫下坚尼草 CAT 活性的变化见图 6－8。由图 6－8（a）可知，坚尼草 CAT 活性随重金属镉浓度的增加表现出先升后减的趋势，且峰值出现在镉浓度为 1mg/kg 处。造成坚尼草 CAT 活性对重金属镉如此响应的原因可能是当镉浓度较低时，坚尼草产生的 H_2O_2 较多，作为一种机体自卫反应，CAT 活性上

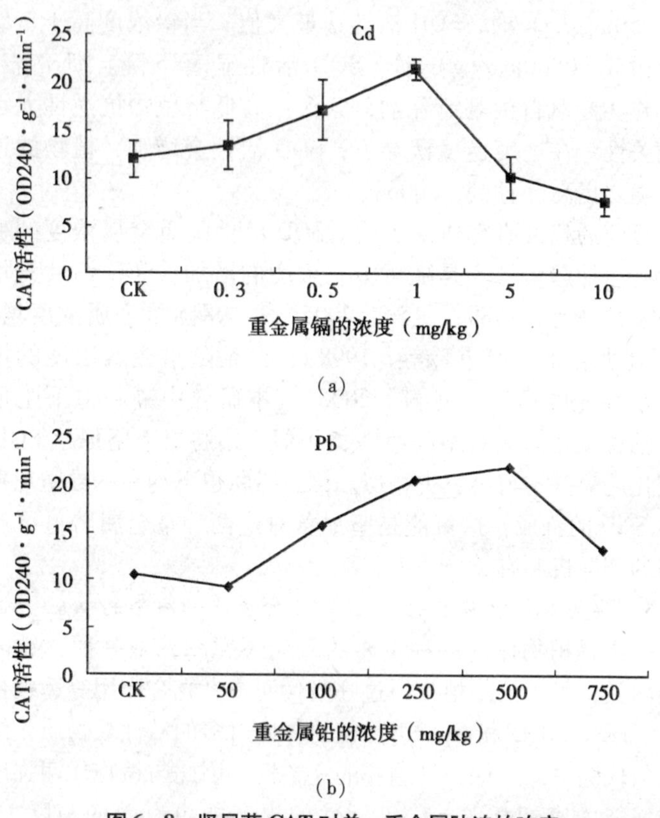

图 6－8　坚尼草 CAT 对单一重金属胁迫的响应

升可以提高植物清除 H_2O_2 的能力，从而缓解 H_2O_2 积累对细胞的破坏。而随重金属浓度升高，坚尼草可能存在着一种能在镉胁迫下表现出的特殊应激反应（例如外源镉诱导植物体产生更多的 H_2O_2）。但如果重金属胁迫浓度过高，超过植物的耐受极限时，作为防御体系的酶的活性也相应减弱（孙健，2006）。

由图 6－8（b）可知，坚尼草 CAT 活性随重金属铅浓度的增加表现为在低浓度时略有抑制，较高浓度时被激活，而当浓度过高时又表现出明显的抑制作用。其变化趋势与 SOD 活性的变化趋势基本一致。当土壤中铅浓度达到 750mg/kg 时，坚尼草的 CAT 活性虽较上一处理浓度急剧下降，但仍高于对照的活性，这表明坚尼草对重金属具有一定的抗性机制。在铅浓度较低时，CAT 活性下降，但随着浓度的升高，CAT 活性上升，表明铅浓度的增大将导致植物体内产生更多的 H_2O_2，由于催化底物增多从而使 CAT 活性上升（Buonaurio，1987）。

6.2.3.3　坚尼草叶片 POD 活性对重金属单一污染的响应

POD 在植物生长发育过程中起着重要的作用，与植物的呼吸作用、光合作用及吲哚乙酸的氧化等有关，在代谢中调控 IAA 含量水平，免除机体内产生 H_2O_2 的毒害作用（李铭心，2005）。镉、铅单一胁迫对坚尼草叶片中 POD 活性的影响见图 6－9。

从图 6－9（a）可以看出，在镉的毒害下，坚尼草的 POD 活性在低浓度时出现应激性的升高，最大增幅达 35%。但随着镉浓度的不断增加，POD 活性下降。这可能是坚尼草体内产生的有害物质增多，当其数量超过 POD 正常的催化能力后，使保护酶系统受到损伤，造成最终活性降低的缘故。本试验研究结果表明，坚尼草植株 SOD、POD 活性在镉胁迫下变化趋势相似，表现为低浓度激活，高浓度抑制。这与地上部分生物量的变化基本一致，说明地上部生物量的变化，是坚尼草植株体内整个保护酶系统与外来镉胁迫相抗衡的结果。

由图 69（b）可知，随着外源铅浓度的增加，与对照相比，各处理的 POD 活性不断上升。铅胁迫下 POD 抗性高峰出现在浓度为 500mg/kg 时，与对照相比增幅达 59%。说明在铅胁迫下，坚尼草的抗性机制之一可能是由于 POD 的高活性能较好的平衡体内活性氧浓度，保护植物体内的膜系统免受伤害。

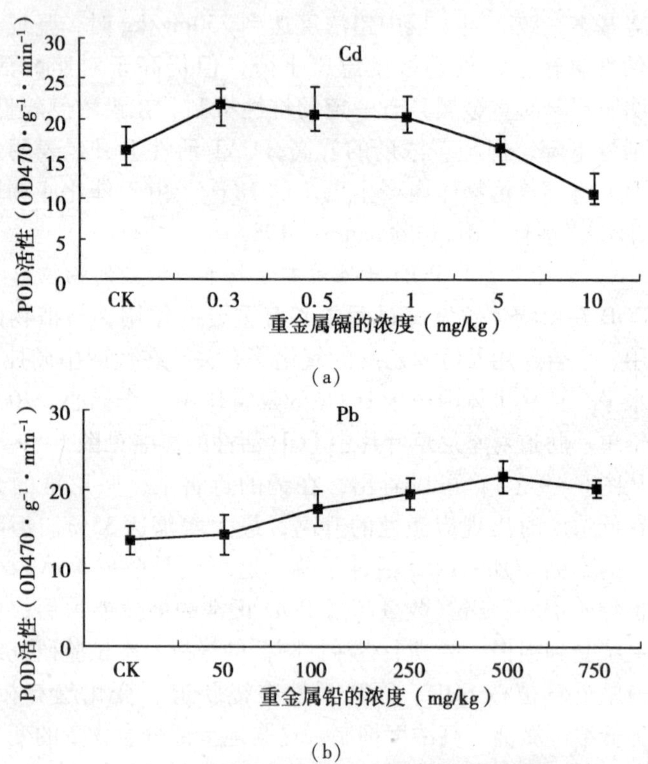

图 6－9　坚尼草 POD 对单一重金属胁迫的响应

6.2.4　坚尼草叶片 SOD、CAT、POD 活性对复合重金属污染的响应

SOD、CAT、POD 三种保护性酶是植物体内重要的活性氧清除系统，对于植物体内自由基和过氧化物的去除有着积极的作用。坚尼草叶片 SOD、CAT、POD 活性对复合重金属污染的响应见表 6－1。

表 6-1　坚尼草三种保护性酶对复合重金属污染的响应

处理水平	SOD 活性（$U \cdot mg^{-1}$）	升降幅度（%）	CAT 活性（$OD240 \cdot g^{-1} \cdot min^{-1}$）	升降幅度（%）	POD 活性（$OD470 \cdot mg^{-1}$）	升降幅度（%）
对照 CK	159.84	—	10.50	—	13.55	—
1	151.81	-5.02	10.61	0.95	12.58	-7.16
2	143.44	-10.26	10.00	-4.76	10.90	-19.56
3	120.10	-24.86	9.10	-13.33	12.34	-8.93
4	123.11	-22.98	8.34	-20.57	10.27	-24.21
5	100.98	-36.80	7.55	-28.10	9.79	-27.75
6	90.23	-43.55	4.21	-59.90	11.40	-15.87
7	50.80	-68.22	5.19	-50.57	11.78	-13.06
8	30.12	-81.16	3.19	-69.62	13.25	-2.21
9	10.89	-93.19	1.98	-81.14	12.55	-7.38

注：表内“—”表示酶活性的下降；反之表示酶活性的上升。

由表 6-1 可知，在复合胁迫下，除个别处理有酶被激活的趋势外，其他处理的三种保护性酶的活性均有所下降，且 SOD 和 CAT 活性的下降幅度大于 POD 活性。说明镉、铅交互作用对三种酶有抑制作用且主要是影响 SOD 和 CAT 酶活性。这可能也是导致复合胁迫下坚尼草生物量较小的原因之一。

表 6-2　镉、铅添加量与坚尼草叶片中三种酶活性的多元回归模型（n=9）

数学模型	R^2	F	差异显著性
$Y_1 = 166.721 - 11.417X_1 - 0.047X_2$	0.948 5	74.611	$P<0.01$，极显著
$Y_2 = 11.622 - 0.678X_1 - 0.004X_2$	0.949 8	76.746	$P<0.01$，极显著
$Y_3 = 10.970 + 0.068X_1 + 0.001X_2$	0.123 0	0.421	$P<0.05$，不显著

注：Y_1 表示 SOD 活性；Y_2 表示 CAT 活性；Y_3 表示 POD 活性；X_1 表示土壤中外源 Cd 的含量；X_2 表示土壤中外源 Pb 的含量。

以坚尼草叶片中叶绿素含量和SOD、CAT、POD活性与土壤中镉、铅添加量进行多元回归分析，结果见表6-2。拟合后的数学模型结果表明SOD和CAT活性与土壤中外源镉、铅添加量的二元线性回归均达极显著水平。

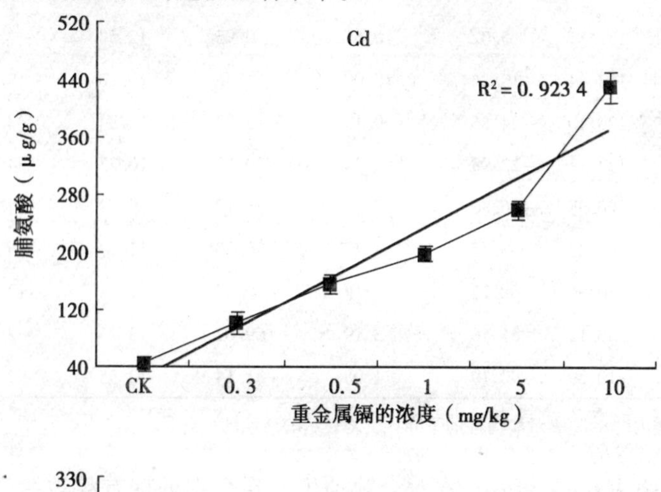

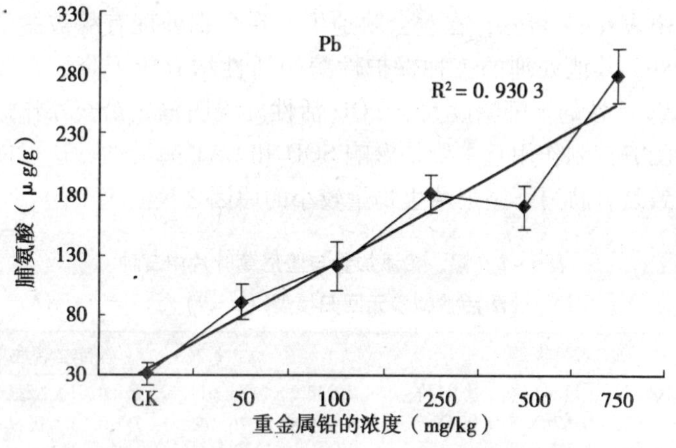

图6-10 坚尼草Pro对单一重金属胁迫的响应

6.2.5 坚尼草叶片脯氨酸含量（Pro）对单一重金属污染的响应

脯氨酸通常被看做是植物体内的氨基酸库，因此，把脯氨酸含量变化作为植物体内氨基酸代谢是否受重金属影响的指标是值得考虑的。脯氨酸含量的变化常作为植物逆境生理的一个指标，其含量的增加有利于保持原生质与环境的渗透平衡，抵御重金属的伤害。作为重要的渗透调节物质，它的积累可能一方面是细胞结构和功能遭受伤害时机体作出的反应，另一方面也是植物在逆境下的适应性表现，是一种防护效应（李铭心，2005）。单一镉、铅胁迫下坚尼草叶片中脯氨酸含量如图6-10所示。由图6-10可知，随着外源重金属浓度的增加，脯氨酸的含量呈上升趋势。经SAS统计表明，各处理间脯氨酸含量变化差异达极显著水平（$P<0.01$）。说明坚尼草在镉、铅污染土壤中表现出的耐性，可能与其体内的脯氨酸含量及其在胁迫下脯氨酸含量增加有关。在未受镉、铅胁迫的对照处理中，坚尼草体内低的脯氨酸含量即可维持正常的水分含量，保持原生质和环境水分的渗透平衡，保持坚尼草正常生长。在受镉、铅胁迫时，坚尼草体内的脯氨酸含量不断上升，以高的脯氨酸含量来适应重金属带来的胁迫压力。这与前人的研究结果一致（王松良，2004）。分别对外源镉、铅含量与植株体内脯氨酸含量做相关性分析（图6-10），可知脯氨酸含量与镉、铅耐性存在极显著水平的正相关性（$R^2=0.9234$，$R^2=0.9303$）。因此，可推断植物体内脯氨酸在坚尼草适应镉、铅胁迫中起着一定的积极作用。

6.3 本章小结

有研究表明，重金属毒害作用导致植物光合作用降低，从而减少了植物对水分和养分的吸收，影响植物正常的生长发育(秦天才等，2000)。以往学者研究铅等重金属对植物的胁迫发现，其毒害机理表现为破坏叶绿体超微结构、减少叶绿素等。本研究中，随着外源镉浓度的增加，叶绿素a和叶绿素b的浓度在镉添加量为0.5mg/kg处理出现峰值，各处理下叶绿素a和叶绿素b浓度的变化趋势均表现为先增加后减少，但是均大于对照处理的叶绿素a和叶绿素b的浓度，与李铭心等人的研究结果相似。说明，虽然当镉浓度达10mg/kg左右时对坚尼草的生长造成一定的环境胁迫，但这种抑制影响并不是叶绿素功能下降所造成的，使坚尼草叶，绿素受抑制的阈值有待进一步研究。单一铅胁迫下坚尼草叶，绿素a和叶绿素b浓度及叶绿素含量随外源铅的浓度升高而增加，这与高建兰在玉米的研究得出结论相似(高建兰，2004)。说明和镉一样，外源铅对坚尼草的生物合成也产生了一定的刺激作用。具体刺激机制尚不清楚。当两种重金属交互作用时，仅在两者均为低浓度（Cd：0.5mg/kg + Pb：50mg/kg）时，对坚尼草起促进作用，而其他处理均抑制叶绿素的形成。说明镉、铅复合存在时，对坚尼草的毒害产生拮抗作用，使叶绿素含量降低，光合作用减弱，进而减少生物量。

前人的研究表明，镉胁迫下，植株会产生高度反应性的氧自由基，引起生物膜的过氧化物损伤，造成叶绿体与线粒体等细胞器的功能损害，最终导致细胞凋亡。相应的，植物体内也有一套复杂的活性氧清除系统来保护植物细胞免受活性氧的损伤。包括低分子量的抗氧化剂，如脯氨酸等，以及抗氧化酶类，如POD、CAT和SOD等（李铭心，2005）。在外来胁迫初期，植物体内的活性氧清除系统被激活，其产生的作用超过了活性氧对植物的损伤作用，表现为低浓度下的刺激效应。但是，随着镉浓度的增加和胁迫时间的延长，保护酶系统逐渐被抑制，抗氧化酶系统内多种酶之间的活性比不平衡，细胞内多种功能膜被破坏，表现为生理代谢紊乱，直至细胞凋亡。

本试验结果表明，单一镉胁迫下，随着外源镉浓度的增加，SOD、CAT、POD 活性先上升后下降。这种变化与地上部分生物量的变化基本一致，说明地上部生物量的变化是坚尼草植株体内整个保护酶系统与外来镉胁迫相抗衡的结果。在重金属低浓度处理下三种防御酶活性的升高，有人把这种现象解释为低浓度重金属对植物的积极的“刺激作用”（Patral，et al，1994）。其机制有人认为是活性氧信号作为第二信使，启动了细胞的防御反应（Vera Estrella R，et al，1994）。但这种“积极作用”受到处理浓度的限制，随处理浓度的增大，重金属离子在机体内积累量加大，从而对植物的毒害加剧，重金属胁迫使植物细胞内产生的活性氧自由基超过保护酶系统的清除能力时，就会导致自由基在叶细胞内的大量积累，从而诱导对植物细胞的过氧化损伤（黄玉山等，1997）。这表明重金属胁迫条件下，植物体内活性氧清除系统对植物细胞的保护作用是有一定限度的。Luna 等的实验结果也证明了重金属对植物的伤害是通过自由基介导的。单一铅胁迫下，随着外源铅浓度的增加，SOD、CAT 活性先降后升再急剧下降，POD 活性不断上升。SOD、CAT 活性在高浓度镉胁迫下急剧下降可能是由于细胞内多种功能膜及酶系统遭受不同程度的破坏，生理代谢紊乱导致的抑制效应。有报道认为相对于 SOD 而言，CAT 对铅毒害更加敏感，在铅胁迫下很容易失活（Breteler H，et al，1974）。但也有报道认为铅胁迫后，植物体内更多的是诱导 SOD 的合成，CAT 活性的变化很不显著（聂俊华等，2004）。本研究结果表明仅在一定范围镉浓度（ <1mg/kg）胁迫下，坚尼草可极大促进诱导 SOD 的合成，这与叶寒青的研究结论相同（叶寒青等，2001）。铅胁迫更易诱导坚尼草叶片中 POD 的合成，这可能由于坚尼草在不同重金属胁迫下会产生不同的诱导机制。

单一镉、铅胁迫下，随外源重金属浓度的增加，脯氨酸的含量也呈上升趋势，且两者之间相关性好，这可能是由于高浓度镉处理下，植物 SOD、CAT 活性急剧丧失，生物自由基使膜上的脂类物发生过氧化作用（李铭心，2005），许多前人也得出过类似的结论。秦天才等曾用小白菜做材料，证实重金属可引起脯氨酸累积，脯氨酸作为重要的渗透调节物质，它的积累有着对逆境适应的意义，因而认为脯氨酸含量的提高是耐重金属植物适应重金属胁迫的机制之一（王宏信，2006）。

在复合胁迫下，除个别处理有酶被激活的趋势外，大部分处理的三种保护性酶的活性均有所下降，呈明显的剂量—效应关系，且 SOD 和 CAT 活性的下降幅度大于 POD 活性。说明镉、铅交互作用对三种酶有抑制作用且主要是影响 SOD 和 CAT 酶活性。

第7章　重金属对热带牧草品质的影响

由于土壤具有不可逆性和长期性，又不易在生物物质循环和能量交换中分解，因此，土壤一旦受重金属的污染往往很难恢复，而且经过食物链的富集和放大，最终将影响人类健康。目前，国内外研究的重点大多集中于研究重金属对作物产量的影响以及对作物各种生理生化指标的影响以期探讨其影响机理，但对作物品质的研究相对较少。而重金属对作物的胁迫作用除表现在生物量上外，还可能对作物品质产生影响。热带牧草品质好坏直接关系到畜牧业的良性健康发展。本章旨在探讨重金属胁迫对热带牧草品质的影响，为保障热带牧草质量，促进畜牧业高效发展提供科学参考与依据。

7.1　试验设计与方法

7.1.1　供试材料

供试土壤采自海南省儋州市郊农业用地土壤，其耕层（0～20cm）土壤基本理化性状如表4－2所示。

本研究供试植物为热研8号坚尼草（*Panicum maximum*. Reyan No.8），种子由中国热带农业科学院热带作物品种资源研究所提供。坚尼草种子经过98%的浓硫酸处理3min，再用自来水冲洗至与自来水的pH值相当后，放入铺有滤纸的培养皿中，将其置于恒温培养箱中，待坚尼草芽长为 1 ~2cm 时移栽进盆中。

7.1.2 试验设计

试验在中国热带农业科学院环境与植物保护研究所温室进行，温度为 25 ~28℃，约 16/8h 的光/暗周期。实验采用完全方案设计，共 6 个处理（含对照 CK），每个处理重复 3 次。

7.1.3 分析项目与测定方法

坚尼草中营养成分的测定主要参考《土壤农化分析》（第三版）（鲍士旦，2000）中的相关方法进行。

（1）粗灰分含量的测定：将样品风干、磨细，过 1mm 筛，准确称取 2.5g 松散地装于坩埚中。将坩埚在电炉上烧至无烟止，移入 525℃的马福炉中大约 2h。待炉温降至约 200℃时，再移入干燥器中，冷却至室温后称重。

（2）粗纤维含量的测定：称取过 1mm 筛的风干样品 1g 左右，放入 250ml 三角瓶中。加入 0.255mol/L 的 HCl 洗涤液 10ml，加热，使之在 5 ~ 10min 内煮沸。10min 后再加入 0.313mol/L 的 NaOH 洗涤液 10ml 煮沸 10min，趁热过滤。将残渣洗涤到中性，放入 120℃干燥箱中干燥 3h，然后冷却称重。

（3）粗脂肪含量的测定：称取过 1mm 筛的风干样品 2g 左右于称重、烘干的滤纸袋中，放入索氏脂肪提取仪中 8h 后取出，放入 120℃干燥箱中干燥 3h，然后冷却称重。

（4）粗蛋白含量的测定：准确称取风干样品 0.06g 装入 50ml 的消煮管中，加几滴蒸馏水润湿，再加入 3ml 浓硫酸，置于电炉上消煮。到溶液呈棕色透明时取下，冷却后加双氧水 3 ~ 5 滴。继续消煮，反复数次至消煮液无色清亮为止。继续加热 5min 以除尽剩余的双氧水，定容到 50ml。再用移管移出 2ml 于 50ml 容量瓶中，加蒸馏水 25ml，加混合试剂 16.5ml 定容，摇匀。同时，做空白实验和配制氮标准溶液。30min后在分光光度计上用490nm比色。

（5）植株中磷的测定：准确称取风干样品0.06～0.08g装入50ml的消煮管中，加几滴蒸馏水润湿，再加入3ml浓硫酸，置于电炉上消煮。煮到溶液呈棕色透明时取下，冷却后加双氧水3～5滴。继续消煮，反复数次至消煮液无色清亮为止。继续加热5min以除尽剩余的双氧水。定容到50ml，再用移管移出5ml于50ml容量瓶中，用水稀释至约30ml，加二硝基酚试剂2滴，用稀碱和稀酸调节溶液刚呈微黄色。然后加入钼锑抗显色剂5ml，摇匀，用水定容。同时，做空白实验和配制标准溶液。放置30min后在分光光度计上用700nm比色。

（6）钙、镁含量的测定：在灰化后坩埚中的样加入10% HCl10ml，在电炉上加热至沸使残渣溶解，趁热转入100m容量瓶。反复此操作洗净坩埚，定容。吸取2ml于100ml容量瓶中，加入50g/L的氯化锶2ml定容。同时，配制钙、镁标准液。用原子吸收分光光度计分别测定钙、镁含量。

7.1.4　数据处理与分析

本研究采用国际通用SAS统计软件和Microsoft Excel软件进行实验数据的处理及相关统计分析。

7.2　结果与分析

7.2.1　不施有机肥时镉对坚尼草品质的影响

牧草的品质主要取决于所含营养成分的种类和数量。营养成分指牧草饲用部分营养物质的组分，包括粗蛋白质、粗脂肪、粗纤维、无氮浸出物和钙、磷及其他微量元素（郑凯等，2006）。

纤维含量影响牧草品质和口感，粗纤维含量高，适口性差，牧草粗糙老化。灰分含量是植物品质分析当中经常测定的项目之一，它是产品中无机营养物质的总合。脂类在植物细胞和组织中以游离态和结合态存在，它也是衡量植物品质的重要指标之一。蛋白质是植物重要组成成分，也是农产品中最重要的成分。测定其含量对其品质鉴定、品种选育以及提高蛋白含量等有重要意义。本实验中坚尼草各养分含量如表 7－1、表 7－2。处理浓度的变化对各营养成分的影响程度见表 7－3、表 7－4。

表 7－1　不施有机肥处理间营养成分含量（占干物质%）

处理（mg/kg）	粗纤维	粗脂肪	粗灰分	粗蛋白	无氮出物	Ca	P	Mg
CK	27.13	9.22	8.93	6.60	46.40	1.09	0.063 6	0.216
0.3	25.05	7.65	9.35	5.88	50.76	1.00	0.072 9	0.198
0.5	26.15	8.63	9.90	6.97	48.36	1.15	0.070 9	0.231
1.0	26.98	8.42	10.90	8.83	44.88	1.34	0.092 3	0.269
5.0	27.28	8.40	11.52	8.33	46.19	1.38	0.098 3	0.219
10.0	26.57	8.33	10.87	7.19	48.35	1.18	0.094 6	0.200

注：表中数据为 3 次平均值。

表 7－2　施有机肥处理间营养成分含量（占干物质%）

处理（mg/kg）	粗纤维	粗脂肪	粗灰分	粗蛋白	无氮出物	Ca	P	Mg
CK	26.19	8.95	9.89	7.42	45.51	1.28	0.068 6	0.291
0.3	25.90	7.37	9.31	7.36	48.38	1.43	0.075 7	0.346
0.5	26.07	8.01	8.47	8.65	48.80	1.58	0.066 6	0.331
1.0	27.19	7.49	9.19	10.98	45.16	1.24	0.091 7	0.217
5.0	26.56	7.43	9.11	9.47	49.48	1.27	0.085 9	0.228
10.0	27.48	8.53	10.21	9.03	46.41	1.23	0.095 2	0.218

注：表中数据为 3 次平均值。

表 7－3　镉对坚尼草营养成分百分含量的影响（不施有机肥）

处理（mg/kg）	粗纤维	粗脂肪	粗灰分	粗蛋白	Ca	P	Mg
CK	27.13 Aa	9.214 Aa	8.932 Cc	6.597 ABa	1.090 BCbc	0.063 63 Cb	0.216 5 BCDbc
0.3	25.05 Ab	7.652 Cb	9.349 BCc	5.881 Ba	1.005 Cc	0.072 87 Bb	0.197 9 Dc
0.5	26.15 Aab	8.625 ABab	9.990 Bbc	6.974 ABa	1.146 Bb	0.070 86 Bb	0.230 7 Bb
1.0	26.98 Aa	8.417 ABCab	10.90 Aab	8.830 Aa	1.335 Aa	0.092 27 Aa	0.269 4 Aa
5.0	27.28 Aa	8.402 ABCab	11.52 Aa	8.328 ABa	1.383 Aa	0.098 30 Aa	0.219 4 CDbc
10.0	26.57 Aab	8.332 BCab	10.87 Aab	7.188 ABa	1.180 Bb	0.094 58 Aa	0.200 2 BCc

注：表中的大写字母表示在 0.05 显著水平下各处理间的差异，小写字母表示在 0.01 显著水平下各处理间的差异。

表 7－4　镉对坚尼草营养成分百分含量的影响（施加有机肥）

处理（mg/kg）	粗纤维	粗脂肪	粗灰分	粗蛋白	Ca	P	Mg
CK	26.19 Aa	8.946 Aa	9.891 Aab	7.423 Bb	1.280 Cc	0.068 65 Dd	0.291 1 Cb
0.3	25.90 Aa	7.374 Cab	9.312 ABab	7.365 Bb	1.432 Bb	0.075 67 Cc	0.345 9 Aa
0.5	26.07 Aa	8.005 BCb	8.472 Bb	8.647 Bb	1.577 Aa	0.066 57 Dd	0.331 0 Ba
1.0	27.19 Aa	7.487 Cb	9.191 ABab	10.98 Aa	1.241 Cc	0.091 68 Aab	0.217 5 Dc
5.0	26.56 Aa	7.428 Cb	9.108 ABab	9.467 ABab	1.266 Cc	0.085 90 Bb	0.228 3 Dc
10.0	27.48 Aa	8.533 ABab	10.21 Aa	9.025 ABab	1.229 Cc	0.095 23 Aa	0.217 7 Dc

注：表中的大写字母表示在 0.05 显著水平下各处理间的差异，小写字母表示在 0.01 显著水平下各处理间的差异。

本研究中土壤中不同外源镉浓度对坚尼草各营养指标含量的影响如图 7－1 所示。由图 7－1 可知，坚尼草中粗纤维、粗脂肪、粗灰分、粗蛋白等四指标含量均随外源镉浓度的增加表现为先降再升的趋势，但各指标出现拐点的位置各不相同。经 SAS 统计表明，对照植株中的粗纤维、粗脂肪含量与外源镉浓度为 0.3mg/kg 时植株的含量差异达极显著水平，粗蛋白指标的含量差异达显著。对照植株中的粗灰分含量与外源镉浓度为 1、5、

10mg/kg 时植株的含量差异达极显著水平。

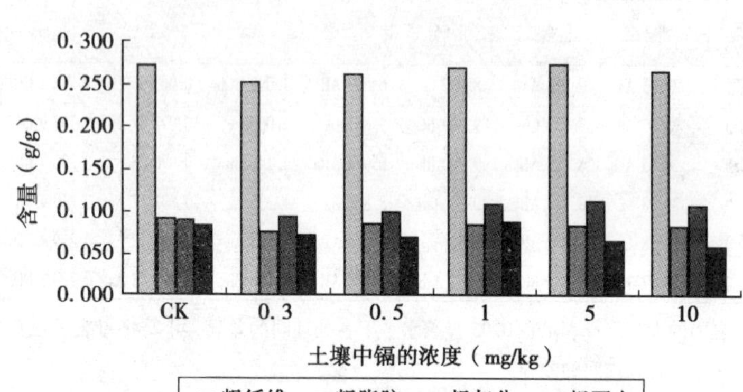

图 7-1　镉胁迫对坚尼草品质的影响

坚尼草中钙和镁的含量随处理浓度的升高表现出先减小后增加再减少的趋势（图 7-2）。两个指标均在 0.3mg/kg 处理时含量最低，而镁的含量最高点出现在 1mg/kg 处理，钙的含量最高点出现在 5mg/kg 处理。本研究中添加重金属的土壤种植的坚尼草中磷的含量均大于对照。种植的坚尼草中磷的含量在外源镉含量为 5mg/kg 时达最大，与对照间的差异达极显著水平。

7.2.2　施有机肥时镉对坚尼草品质的影响

本实验中，坚尼草粗纤维百分含量随处理浓度的升高变化不大（图 7-3）。而且施加有机肥处理和不施有机肥处理的坚尼草粗纤维百分比含量差别不大。经 SAS 统计表明，在 a=0.05 水平上 CK 与 A_2B_1、A_3B_1、A_4B_1、A_5B_1、A_6B_1 处理差异不显著；CK 与 A_2B_2、A_3B_2、A_4B_2、A_5B_2、A_6B_2 处理差异不显著。在 a=0.01 水平上，CK 与 A_2B_1 极显著。

由图 7-4 可以看出坚尼草粗灰分百分含量随处理浓度的升

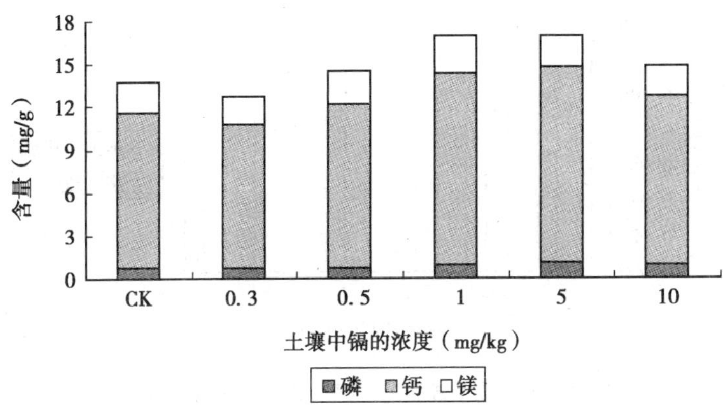

图 7－2　Cd 胁迫对坚尼草营养元素的影响

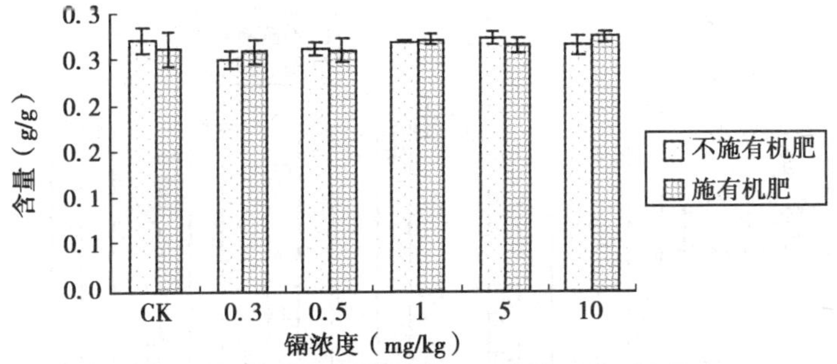

图 7－3　不同浓度镉胁迫对坚尼草中粗纤维含量的影响

高持续增加，在 5mg/kg 处理下粗灰分百分含量最高。施加有机肥的坚尼草粗灰分百分含量随处理浓度的升高表现出先减小后增加的趋势，在 0.5mg/kg 处理下粗灰分百分含量最低。总体变化趋势不明显。而且除 CK 外，施加有机肥处理的坚尼草中粗灰分百分含量比不施加有机肥的要低。经 SAS 统计表明，在 a＝0.05 水平上 CK 与 A_2B_1、A_3B_1、A_4B_1、A_5B_1、A_6B_1 处理差异达显著水平；CK 与 A_3B_2、A_4B_2、A_5B_2 处理差异达显著水平。在 a＝

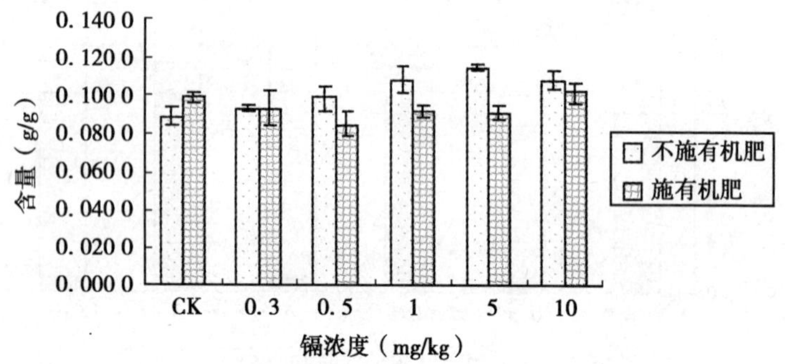

图 7-4 不同浓度镉胁迫对坚尼草中粗灰分含量的影响

0.01 水平上，CK 与 A_4B_1、A_5B_1、A_6B_1 达极显著水平。

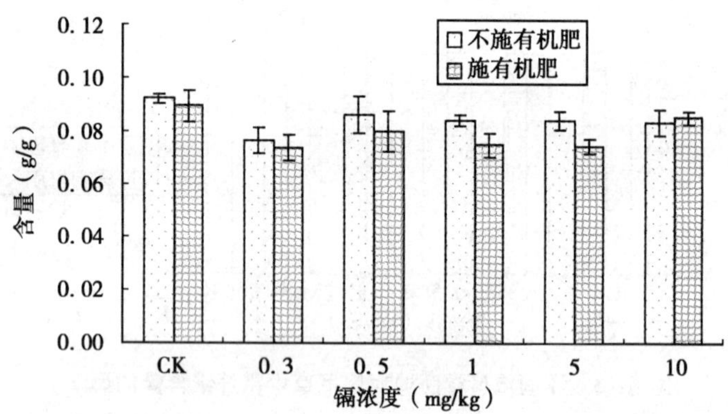

图 7-5 不同浓度镉胁迫对坚尼草中粗脂肪含量的影响

本实验中，不施有机肥的坚尼草中粗脂肪百分含量随处理浓度的升高表现出先减少后增加（图 7-5），在 0.3mg/kg 处理时粗脂肪百分含量最低，当处理浓度达到 0.5mg/kg 以后，粗脂肪百分含量最基本保持不变。施加有机肥的坚尼草中粗脂肪百分含量随处理浓度的升高表现出先减小后增加的趋势，总体变化趋势不明显。而且施加有机肥处理的坚尼草粗脂肪百分含量比不施加有机肥的要低。经 SAS 统计表明，在 a = 0.05 水平上，CK 与 A_2B_1、A_6B_1 处理差异达显著水平；CK 与 A_2B_2、A_3B_2、A_4B_2、A_5B_2 处理差异达显著水平。在 a = 0.01 水平上，CK 与 A_2B_1 达极显著水平；CK 与 A_3B_2、A_4B_2、A_5B_2 处理差异达极显著水平。

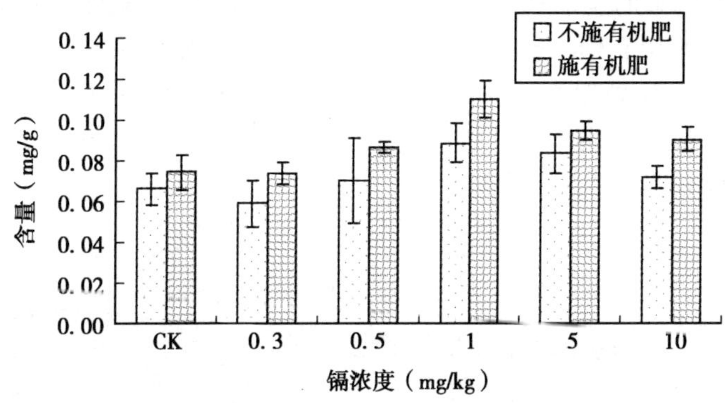

图7－6　不同浓度镉胁迫对坚尼草中粗蛋白含量的影响

由图7－6可以看出，本实验中，不施有机肥的坚尼草中粗蛋白百分含量随处理浓度的升高表现出先减小后增加，在0.3mg/kg 处理时，坚尼草中粗蛋白百分含量最低。在1mg/kg 处理后变化不大。施加有机肥的坚尼草中粗蛋白百分含量随处理浓度的升高表现出先增加后减小的趋势，总体呈上升趋势。而且施加有机肥处理的坚尼草粗蛋白百分含量比不施加有机肥的要高。经 SAS 统计表明，在 a = 0.05 水平上，CK 与 A_2B_1、A_3B_1、A_4B_1、A_5B_1、A_6B_1 处理差异不显著；CK 与 A_4B_2、A_5B_2、A_6B_2 处理差异显著。在 a = 0.01 水平上，CK 与 A_4B_2 处理差异达极显著水平。

钙、镁、磷以及许多微量元素虽然在植物体内含量很低，但缺少它们时，植物就无法正常生长发育，因此，它们的测定是植物分析必不可少的。如图 7 - 7，坚尼草中钙含量随处理浓度的升高表现出先减小后增加的趋势，在 0.3mg/kg 处理时，钙百分含量最低。总体为上升趋势。施有机肥的坚尼草中钙含量随处理浓度的升高持续增加，且在低浓度处理 CK 到 0.5mg/kg 时，坚尼草中钙含量明显高于不施有机肥的；到 1mg/kg 时施有机肥与不施有机肥的坚尼草中钙含量相近。经 SAS 统计表明，在 a = 0.05 水平上，CK 与 A_4B_1、A_5B_1 处理差异达显著水平；CK 与 A_2B_2、A_3B_2 处理差异达显著水平。在 a = 0.01 水平上，CK 与 A_4B_1、A_5B_1 处理差异达极显著水平；CK 与 A_2B_2、A_3B_2 处理差异达极显著水平。

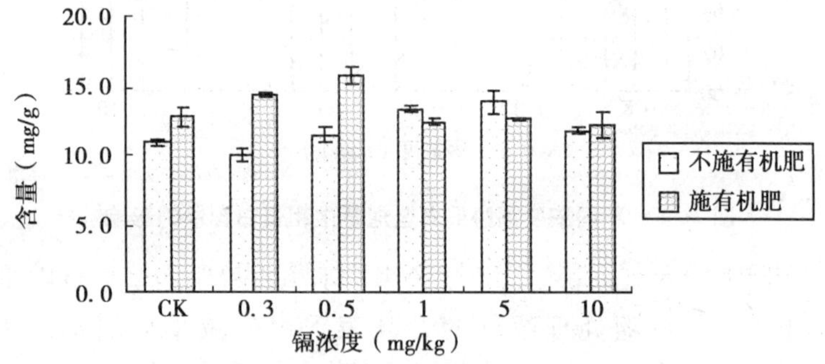

图 7 - 7　不同浓度镉胁迫对坚尼草中钙含量的影响

由图 7 - 8 可见，在低浓度处理 CK 到 1mg/kg 时，不施有机肥的坚尼草中，镁含量随处理浓度的升高表现出先减后增的趋势，在 0.3mg/kg 处理时，镁百分含量最低。施有机肥的坚尼草中，镁含量随处理浓度的升高表现出先增加后减少的趋势，在 0.3mg/kg 处理时，镁百分含量最高。施有机肥的坚尼草中镁含量在低浓度 CK 到 0.5mg/kg 时明显高于不施有机肥的；在 5mg/kg 后两者镁含量相同而且均无增高或减少的趋势。施有机肥的坚尼草中镁含量变化幅度比不施有机肥的大。经 SAS 统计表明，在 a=0.05 水平上，CK 与 A_4B_1 处理差异达显著水平；CK 与 A_2B_2、A_3B_2、A_4B_2、A_5B_2、A_6B_2 处理差异达显著水平。在 a=0.01 水平上，CK 与 A_4B_1 处理差异达极显著水平；CK 与 A_2B_2、A_3B_2、A_4B_2、A_5B_2、A_6B_2 处理差异达极显著水平。

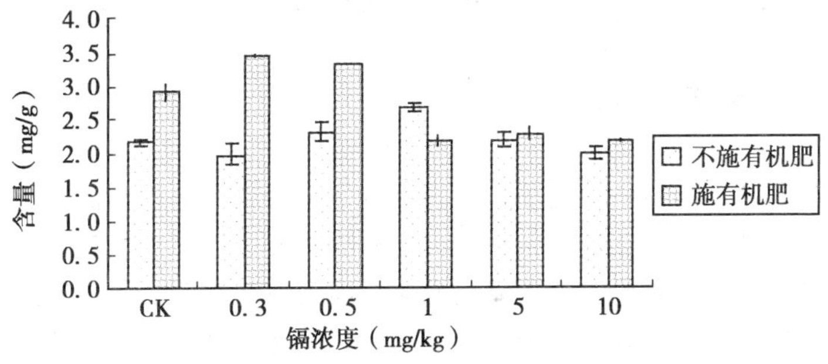

图7-8　不同浓度镉胁迫对坚尼草中镁含量的影响

如图7-9所示，本研究中坚尼草体内磷含量相对较低。低浓度处理 CK 到 0.5mg/kg 时，不施有机肥的坚尼草中磷含量与施加有机肥的百分含量相近且变化趋势相同，先增后减。在高浓度处理 5mg/kg 到 10mg/kg 时，不施有机肥的坚尼草中磷含量先

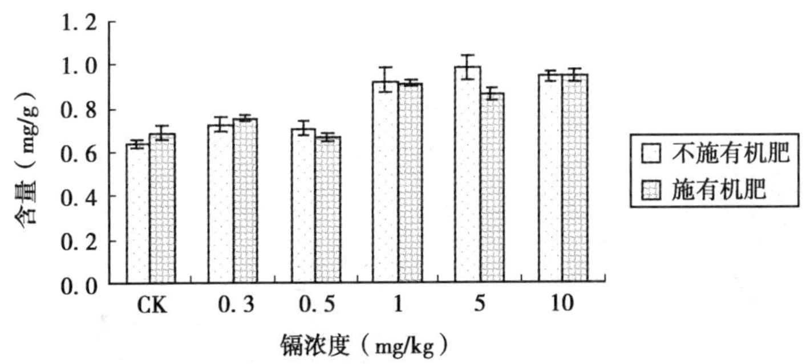

图7-9　不同浓度镉胁迫对坚尼草中磷含量的影响

增后减，施加有机肥的百分含量先减后增，总含量相近。经 SAS 统计表明，在 $a=0.05$ 水平上，CK 与 A_4B_1 处理差异达显著水平；CK 与 A_2B_2、A_3B_2、A_4B_2、A_5B_2、A_6B_2 处理差异达显著水平。在 $a=0.01$ 水平上，CK 与 A_4B_1 处理差异达极显著水平；CK 与 A_2B_2、A_3B_2、A_4B_2、A_5B_2、A_6B_2 处理差异达极显著水平。

7.3 本章小结

重金属作为一种离子，与离分竞争植物根系吸收部位，或者影响植物生理生化过程，从而引起植物对养分吸收性能及转运特征的改变，进而导致植物品质变化。前人研究表明，镉能使黑麦草对氮、磷、钾养分的吸收显著降低；镉使玉米植株氮、钾浓度上升而它们的吸收量却下降，但使磷浓度及其吸收量都下降。本研究表明，单一镉胁迫，除了使坚尼草中磷含量降低外，对其他品质指标均无显著影响。部分指标（如粗蛋白、粗灰分等）的含量甚至有所增加，这对于指导镉污染土壤中坚尼草种植有重要的实践意义。

第8章　土壤中镉、铅形态和含量变化及其与植物吸收的关系

重金属进入土壤后，通过沉淀、溶解、络合、螯合、吸附、凝聚等各类反应过程，形成不同的化学形态，并表现出不同的活性，土壤中重金属的形态影响它的活性和对植物的有效性。按Tessier连续浸提法，一般将土壤中的金属形态划分为可交换态、碳酸盐结合态、铁锰氧化物结合态、有机态和残余态。有研究表明，在西安污灌区0~20cm土层中，铅的碳酸盐结合态>硫化物残渣态>有机结合态>吸附态>交换态。铜则是碳酸盐结合态>硫化物残渣态>有机结合态>交换态>吸附态。菠菜吸收锌量与铁锰氧化锌呈极显著正相关，原因是与土壤中锌主要以残留态、铁锰氧化态和碳酸盐态存在有关，且铁锰氧化物态锌在还原条件下可被释放出来，易被植物吸收利用。因此，在重金属污染土壤的治理中，如何使对植物有效的重金属形态转化为难溶态，则可减少作物对重金属的吸收。在农业生产时，亦应关注土壤中重金属的形态变化，以期减少其对作物的伤害，并保证农产品质量安全。

植物种类的差异直接决定了吸附重金属能力的差异。同一种植物种类对不同的重金属的吸收富集能力不同，不同种类的植物对同一种重金属的吸附富集能力也不同。国内外已对此开展大量的研究工作。重金属在植物的不同部位其含量也存在差异。孔令韶认为植物中的重金属元素主要来自土壤，被根吸收的这些元素，首先在植物的根中积累，然后有一部分被转运到植物的其他

部位。因而植物体不同部位对金属累积的状况就不一样，通常是植物的地下部分大大高于地上部分。但迟爱民等的研究认为，铜、铅、锌、镉、汞的含量在西红柿、青椒、豆角中均表现为叶 > 根 > 茎。铬在三种蔬菜中的含量分布都是根 > 叶。连玉武等报道，重金属在蔬菜的不同部位分配比例也不致，菠菜对锰、锌、镉累积以地上部较多，铅、铬、镍的累积又以地下部占优势。目前，重金属在蔬菜中的积累与吸收的研究较多，但吸收到植株体内的重金属在其体内分布部位的差异很大。对于热带牧草对重金属的富集研究尚未见报道。

8.1 试验设计与方法

8.1.1 供试材料

供试土壤采自海南省儋州市郊农业用地土壤，其耕层（0～20cm）土壤基本理化性状如表 4－2 所示。

本研究供试植物为热研 8 号坚尼草（*Panicum maximum*. Reyan No. 8），种子由中国热带农业科学院热带作物品种资源研究所提供。坚尼草种子经过 98% 的浓硫酸处理 3min，再用自来水冲洗至与自来水的 pH 值相当后，放入铺有滤纸的培养皿中，将其置于恒温培养箱中，待坚尼草芽长为 1～2cm 时移栽进盆中。

8.1.2 试验设计

试验在中国热带农业科学院环境与植物保护研究所温室进行，温度为 25～28℃，约 16/8 小时的光/暗周期。实验采用完全方案设计，共 6 个处理（含对照 CK），每个处理重复 3 次。

8.1.3　分析项目与测定方法

8.1.3.1　土壤中重金属含量的测定

8.1.3.1.1　土壤中不同形态铅含量的测定

土壤中各种铅形态提取剂的选择和提取分离方法如下：

（1）交换态铅的提取分离方法：称取 1.00g 土壤样品（风干、过 60 目筛）于 10ml 离心管中，加入 10ml1mol/L$MgCl_2$ 于常温下连续振荡 45min，以 10 000r/min 转速离心 30min，取出上清液，定容至 10ml，待测。

（2）碳酸盐结合态铅的提取分离方法：在（1）含有残渣的离心管中，加入 10ml1mol/L 醋酸钠（pH 值 =5），常温下振荡 4h，以 10 000r/min 转速离心 30min，取出上清液，定容至 10ml，待测。

（3）铁锰氧化物结合态铅的提取分离方法：在（2）含有残渣的离心管中，加入 10ml1mol/LNH_2 · HCL 在 95℃ 下水浴 4h，以 10 000r/min 转速离心 30min，取出上清液，定容至 10ml，待测。

（4）有机质硫化态铅的提取分离方法：在（3）含有残渣的离心管中，加入 10ml30% H_2O_2 + 0.02mol/LHNO_3 在 85℃ ± 3℃ 下水浴浸提 1h，以 10 000r/min 转速离心 30min，取出上清液，定容至 10ml，待测。

（5）残渣态铅：取出（4）残渣，烘干，重新研磨，称取 0.50g 上述土壤样品于聚四氟乙烯坩埚中，加 2 ~ 3 滴去离子水湿润样品，加入 5ml 优级纯的浓 HNO_3、2ml$HClO_4$、2mlHF，先于低温电热板上加热消煮约 1h，然后提高温度到微沸，待坩埚内冒白烟并蒸至糊状时，沿坩埚壁转动加入 2ml 硝酸，继续加热并蒸至糊状，取下坩埚冷却，再用 1 : 1HNO_3 低温溶解残留物，将坩埚内容物用去离子水洗入 25ml 容量瓶中冷却后定容，摇匀后放置澄清待测，同时做空白对照。

上述待测液用火焰原子吸收分光光谱仪测定。

8.1.3.1.2　土壤中不同形态镉含量的测定

采用Tessier（1979）的连续提取方法按以下步骤进行：

（1）交换态：2.0g（100目）土加1mol/L硝酸镁16ml，振荡1h，离心0.5h，上清液滤入容量瓶；再加8ml蒸馏水，振荡0.5h，离心0.5h，上清液滤入容量瓶（此步骤下同一清洗），用25ml的容量瓶定容至刻度；

（2）碳酸盐结合态：取上部残渣，加1mol/L醋酸钠（pH5.0）16ml，振荡5h，离心0.5h，将上清液滤入容量瓶；清洗（同上），用25ml的容量瓶定容至刻度；

（3）铁锰氧化物结合态：取上部残渣，加40ml0.04mol/L·NH_2OH. HCl25%乙酸溶液，96℃水浴6h，离心0.5h，将上清液滤入容量瓶；清洗（同上），用25ml的容量瓶定容至刻度；

（4）有机结合态：取上部残渣，加6ml0.02mol/LHNO_3和10ml30%的H_2O_2，85℃水浴2h后，追加5ml30%的H_2O_2，然后继续浸提3h，取出冷却后，加5ml3.2mol/LNH_4OAC，20%HNO_3，振荡0.5h，离心0.5h，将上清液滤入容量瓶；清洗（同上），用25ml的容量瓶定容；

（5）残渣态：用上部残渣连同离心管，85℃烘干，磨细后，称重，用王水——高氯酸消化。

上述待测液用火焰原子吸收分光光谱仪测定。

8.1.3.2　植株中重金属含量的测定

植株中铅、镉的测定采用碘化钾—MIBK萃取—原子吸收光谱法。

8.1.4　数据处理与分析

本研究采用国际通用SAS统计软件和Microsoft Excel软件进行实验数据的处理及相关统计分析。

8.2　结果与分析

8.2.1　外源镉、铅单一胁迫对土壤中重金属形态的影响

表 8－1 是植株生长期满时土壤中不同形态镉、铅的含量分布结果。结合图 8－1 可以看出，对照土壤中，镉以残渣态为主（44.74%）；添加外源镉后，土壤中镉形态发生了变化，残渣态比例不断下降，有机结合态比例先升后降，铁锰氧化物结合态比例不断上升。值得注意的是，土壤中有效态镉的含量（交换态和碳酸盐结合态）也呈不升的趋势。这表明，随外源加入的土壤中的镉浓度增加，镉的形态发生了由残渣态向交换态和碳酸盐结合态的转化。有效态镉含量在全量中所占的比例超过其他三种形态，使镉的植物有效性提高，这就需要盆栽植物具有较强的耐受能力以抵御外界不良环境的胁迫。

表 8－1　土壤中镉、铅的形态分布（mg/kg）

重金属	添加浓度（mg/kg）	交换态	碳酸盐结合态	铁锰氧化物结合态	有机结合态	残渣态
镉	0	0.013(11.40)	0.011(9.65)	0.014(11.97)	0.028(24.56)	0.051(44.74)
	0.3	0.029(11.24)	0.032(12.40)	0.051(19.77)	0.087(33.72)	0.059(22.87)
	0.5	0.014(4.71)	0.039(13.13)	0.109(36.70)	0.074(24.92)	0.061(20.54)
	1	0.031(7.62)	0.068(16.71)	0.179(43.98)	0.054(13.27)	0.075(18.43)
	5	0.914(25.33)	0.497(13.77)	1.227(34.01)	0.483(13.39)	0.487(13.50)
	10	2.155(28.12)	1.234(16.10)	2.565(33.47)	0.755(9.85)	0.954(12.45)
铅	0	0.692(4.26)	2.093(12.88)	4.334(26.67)	5.129(31.56)	4.002(24.63)
	50	4.139(6.96)	8.098(13.61)	23.25(39.07)	19.117(32.13)	4.899(8.23)
	100	5.293(6.37)	11.909(14.34)	28.159(33.90)	30.552(36.78)	7.149(8.61)
	250	14.217(7.50)	13.598(7.17)	60.515(31.91)	83.215(43.87)	18.123(9.56)
	500	30.005(6.77)	34.257(7.73)	159.239(35.95)	195.513(44.14)	23.959(5.41)
	750	50.443(8.30)	40.912(6.73)	230.083(37.87)	255.19(42.01)	30.884(5.08)

（%）为各形态重金属含量占土壤该重金属全量的百分数。

从表 8－1 和图 8－2 可以看出，对照土壤以及各铅浓度处理

土壤均以铁锰氧化物结合态和有机结合态为主（58% ~79%），这可能与铅具有和有机质及氧化物的高亲和势有关（陈怀满等，2002）。随着铅添加浓度的增加，残渣态比例不断减少，而铁锰氧化物结合态和有机结合态比例增加明显。这可能与土壤中存在大量胶体能发生吸附、络合和化学反应从而转化为难于被植物吸收的铁锰氧化物结合态等形态有关。

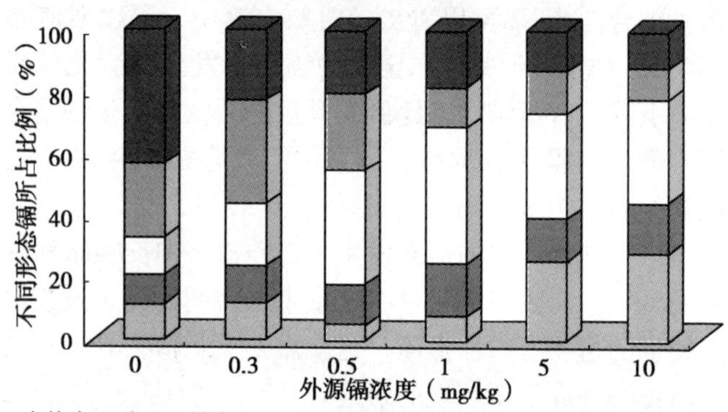

图8-1 土壤中镉各形态含量分布

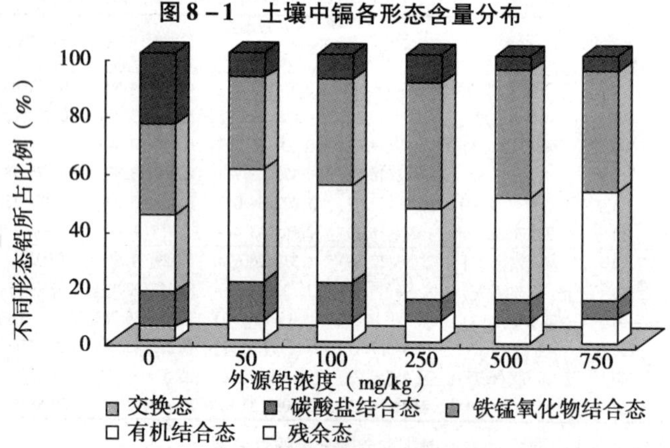

图8-2 农业碳源排放示意图

8.2.2　外源镉、铅单一胁迫对坚尼草积累重金属的影响

从图 8－3 可以看出，投加 0、0.3、0.5、1、5、10mg/kg 镉土的处理下，对照坚尼草吸收的镉为 0.09mg/kg，其余的依次为 0.64、0.87、2.05、11.53、22.4mg/kg，依次比对照增加 7.1 倍、9.7 倍、23.1 倍、128.1 倍和 248.9 倍。各处理的坚尼草对重金属镉的富集系数介于 0.29～4.1。经方差分析各处理表明，各处理间差异达极显著水平（$P<0.01$）。由此可知，随着土壤中镉浓度的增加，坚尼草茎叶中镉含量不断上升，其曲线模型以二次曲线拟合最好（表 8－2），方程显著性 $P<0.01$，不施有机肥处理 R^2 为 0.977 2，施有机肥处理 R^2 为 0.966 3。在外源镉添加浓度不大于 0.5mg/kg 时，不施加有机肥的坚尼草体内镉含量小于施有机肥的坚尼草体内镉含量，说明在低浓度时施加有机肥可促进坚尼草吸收土壤中的镉。随着浓度不断增大，施有机肥的坚尼草体内镉含量小于不施有机肥的坚尼草体内镉含量，且浓度越大，两者间的差异越明显。

表 8－2　不同浓度镉、铅处理下坚尼草累积镉、铅的曲线拟合模型

方　程	R^2	F 值	P
$Y_{不施有机肥}=1.5821x_1^2-6.9207x_1+6.49$	0.977 2	1 325.8	0.000 3
$Y_{施有机肥}=1.2739x_1^2-5.7295x_1+5.652$	0.966 3	1 225.1	0.000 4
$Z_{地上部}=-0.0006x_2^2+0.5854x_2-2.873$	0.987 6	1 553.4	0.000 1
$Z_{地下部}=2E-08x_2^4-2E-05x_2^3+0.0047x_2^2+0.2921x_2+17.397$	0.999 4	1 798.9	0.000 1

注：Y 表示植株累积镉量（mg/kg），Z 表示植株累积铅量（mg/kg），X_1 表示土壤中镉浓度（mg/kg），X_2 表示土壤中铅浓度（mg/kg）。

从图 8－4 可以看出，随着土壤铅浓度的增加，坚尼草植株中铅含量呈上升趋势。表明坚尼草对镉、铅具有类似的累积规律。其曲线模型以二次曲线和四次曲线拟合较好，方程显著性

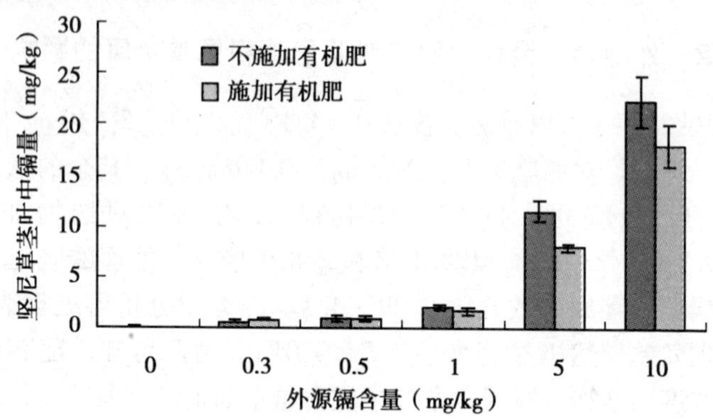

图 8－3　镉添加量对坚尼草植株吸收镉量的影响

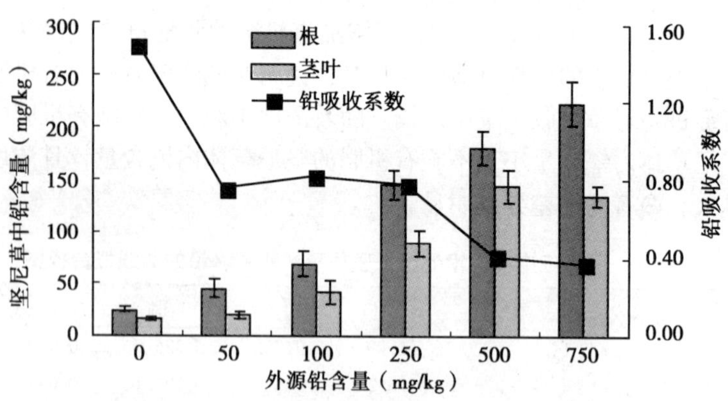

图 8－4　铅添加量对坚尼草植株吸收铅量的影响

$P<0.01$，均达极显著水平。例如，当外源添加的铅浓度分别达 50、100、250、500 和 750mg/kg 时，坚尼草根含铅量分别为对照的 1.86、2.83、6.02、7.48 和 9.28 倍；坚尼草茎叶含铅量分别为对照的 1.26、2.68、5.83、9.39 和 8.81 倍。坚尼草根对土壤中铅的富集系数介于 0.37～1.48，且在没有外源铅时富集系数较大，说明外源铅的添加会降低坚尼草富集铅的能力；坚尼草

茎叶对土壤中铅的富集系数介于0.22～0.94。铅在坚尼草体内的分布为根（56%～70%）>茎叶（30%～44%），如图8－5所示。随着土壤中添加浓度的增加，坚尼草根中的分配比例变化不大，地上茎叶部分变化也较小，故而地上部铅累积量基本稳定。这表明铅从根系向地上部分的转移受高浓度铅抑制作用的影响不明显。具体是何原因导致这种分配比例的稳定性，尚有待进一步研究。重金属吸收系数系指根中重金属含量与土壤中相应元素含量之比，用来表示对重金属的吸收累积能力，在一定程度上标志着土壤—植物系统中元素迁移的难易程度（林大松，2005）。本研究中，铅的平均吸收系数为0.76；随着土壤铅浓度增加，铅的吸收系数明显下降（图8－4）。由表8－2可知，其曲线模型以二次曲线和四次曲线拟合较好，方程显著性 $P < 0.01$，均达极显著水平。

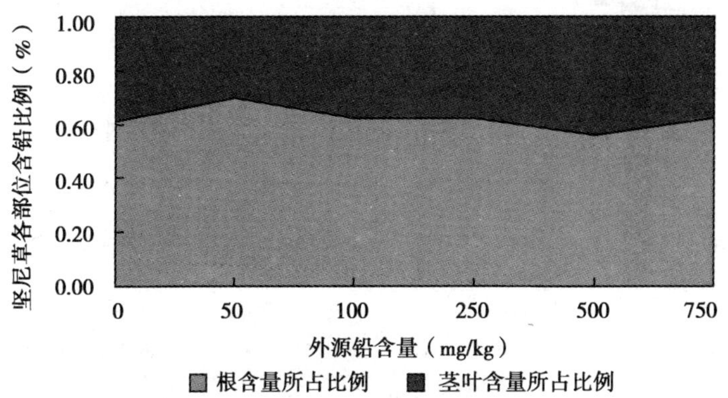

图8－5 坚尼草不同部位含铅量的比例

8.2.3 土壤—坚尼草中重金属含量的相关性分析

8.2.3.1 土壤—坚尼草中镉的相关性分析

土壤中外源镉添加量与坚尼草体内镉量的相关性分析如图

8－6 所示。通过函数拟合，所得直线方程分别为：y = 2.259 6 x－0.068 6；y＝1.764 5x－0.038 8。无论施不施有机肥，两者均表现出极好的正相关性（R^2＝0.999 6，0.996 2）。由两个方程对坚尼草吸收镉量与土壤投加量之间的关系具有很高的拟合度，坚尼草对镉的吸收效应可用直线回归方程表述。也进一步说明，本研究中坚尼草对土壤中镉具有较强的富集能力。

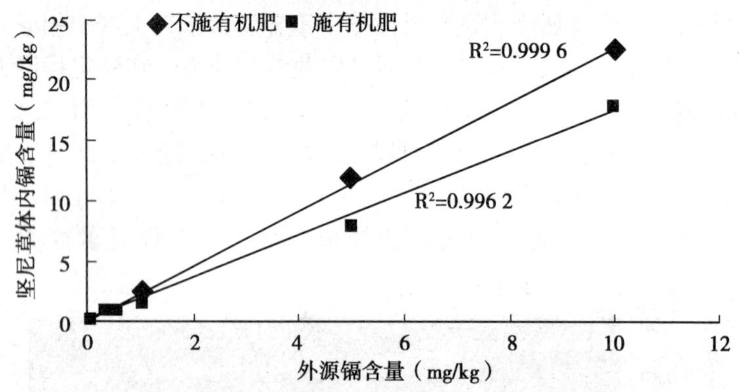

图 8－6　土壤镉添加量与坚尼草植株吸收镉量的相关性分析

表 8－3　土壤中不同形态的镉与坚尼草镉吸收量的相关矩阵

项目	坚尼草含量	F6	F1	F2	F3	F4	F5
坚尼草含量	1.000	0.996 **	0.990 **	0.987 **	0.998 **	0.981 **	0.997 **
F6		1.000	0.998 **	0.995 **	0.999 **	0.976 **	0.999 **
F1			1.000	0.997 **	0.995 **	0.965 **	0.996 **
F2				1.000	0.994 **	0.952 **	0.991 **
F3					1.000	0.976 **	0.998 **
F4						1.000	0.981 **
F5							1.000

注：(1) F1 为交换态；F2 为碳酸盐结合态；F3 为铁锰结合态；F4 为有机结合态；F5 为残渣态；F6 为交换态＋碳酸盐结合态；(2) ** 表示在 0.01 水平上极显著。

为深入探讨土壤中各种形态的重金属与植株体内重金属含量

间的复杂关系，表 8－3 显示了不同形态镉与坚尼草镉吸收量的相关性。表 8－3 结果表明，土壤中全量镉与五种形态的镉，对坚尼草体内镉含量的影响均表现为极显著的正相关性。为进一步准确描述土壤与坚尼草间重金属含量的关系，简单的描述有时不能说明问题的实质，因此，需要逐步回归分析加以定量分析。建立植株体内重金属含量（Y_1）与土壤中交换态镉（X_{F1}）、碳酸盐结合态镉（X_{F2}）、铁锰结合态（X_{F3}）、有机结合态（X_{F4}）、残渣态（X_{F5}）的数学模型如下：

$$Y_1 = 0.1035 - 8.0878X_{F2} + 12.5867X_{F3}$$

其回归 F 值达 3 425.64，达极显著水平。进入模型的参数为碳酸盐结合态和铁锰结合态，其余的由于作用不显著而被剔除，因此，土壤碳酸盐结合态和铁锰结合态镉含量对坚尼草吸收镉影响最大。如将土壤中交换态、碳酸盐结合态合并为土壤中有效态镉（X_{F6}），建立植株体内重金属含量（Y_2）与土壤中有效态镉（X_{F6}）、铁锰结合态（X_{F3}）、有机结合态（X_{F4}）、残渣态（X_{F5}）的数学模型如下：

$$Y_2 = -0.0126 + 2.4106X_{F6}$$

其回归 F 值达 14 336.7，达极显著水平。进入模型的参数只有土壤中有效态镉含量，说明土壤中有效态镉含量对坚尼草吸收镉影响最大，它与坚尼草中镉含量呈极显著直线相关，随着土壤中有效态镉含量增加而增加。

表 8－4　坚尼草体内镉含量与生物量相关性分析

项　目	茎叶含量	地上部干重	地下部干重	株高
茎叶含量	1.000	0.181	0.419	0.269
地上部干重		1.000	0.690*	0.770**
地下部干重			1.000	0.877**
株高				1.000

注：** 表示在 0.01 水平上极显著；* 表示在 0.05 水平上显著。

由于土壤中重金属含量不仅影响坚尼草体内的重金属含量，还可能影响牧草的生物量。故本研究还分别对植株中镉含量与坚尼草生物量的相关性进行分析。由表 8－4 可知，坚尼草茎叶中镉含量与地上部干重、地下部干重、株高均呈正相关性，但相关性并未达显著水平。这说明坚尼草体内镉含量对其生物量有一定的刺激生长作用。

8.2.3.2　土壤—坚尼草中铅的相关性分析

表 8－5 列出了铅处理条件下土壤重金属全量及五种不同形态铅含量与坚尼草根部、茎叶中铅含量的相关分析。分析结果表明，土壤中铅含量与植株重金属含量的相关性显著，这说明在盆栽试验中用纯化学试剂作为外源铅重金属污染源时，植物吸收铅与土壤中添加重金属铅之间的相关性一般均可达显著水平。值得一提的是，与土壤—坚尼草系统中镉研究类似，本研究也发现土壤—坚尼草系统中的残渣态铅与坚尼草地上部和地下部中铅含量的相关性极好。具体原因尚有待进一步研究。

表 8－5　土壤中铅全量及五种形态含铅量和植株各部位含铅量相关分析

项目	土壤总量	F1	F2	F3	F4	F5
根部	R^2 = 0.915 4 **	R^2 = 0.892 7 **	R^2 = 0.883 9 *	R^2 = 0.888 1 *	R^2 = 0.925 1 **	R^2 = 0.989 9 **
	a = 0.321	a = 3.927 2	a = 4.877 6	a = 0.837 9	a = 0.743 6	a = 7.128 8
	b = 39.234	b = 45.502	b = 23.962	b = 43.489	b = 41.127	b = 8.326 5
茎叶	R^2 = 0.876 6 *	R^2 = 0.805 4 *	R^2 = 0.877 7 *	R^2 = 0.840 1 *	R^2 = 0.901 **	R^2 = 0.936 9 **
	a = 0.222 8	a = 2.646	a = 3.447 7	a = 0.578	a = 0.520 5	a = 4.919 4
	b = 21.634	b = 27.38	b = 9.886	b = 24.885	b = 22.516	b = 0.607 1

注：（1）F1 为交换态；F2 为碳酸盐结合态；F3 为铁锰结合态；F4 为有机结合态；F5 为残渣态；

（2）** 表示在 0.01 水平上极显著；* 表示在 0.01 水平上极显著。

为进一步准确描述土壤与坚尼草间重金属含量的关系，简单的描述有时不能说明问题的实质，因此，需要逐步回归分析加以定量分析。建立植株地上部重金属铅含量（Y_1）、地下部重金属铅含量（Y_2）与土壤中交换态铅（X_{F1}）、碳酸盐结合态铅（X_{F2}）、铁锰结合态铅（X_{F3}）、有机结合态铅（X_{F4}）、残渣态铅（X_{F5}）的数学模型如下：

$$Y_1 = 0.607 + 4.9194X_{F5}$$

$$Y_2 = 8.3264 + 7.1288X_{F5}$$

其回归 F 值达 3 425.64 和 392.7，均达极显著水平。进入模型的参数为残渣态，其余的由于作用不显著而被剔除，因此，土壤残渣态铅含量对坚尼草吸收铅影响最大。导致这种现象的原因可能是由于土壤—牧草系统中存在着使残渣态向有效态转化的特殊机制（如根系分泌的有机酸类物质）。其具体原因值得下一阶段继续研究和探讨。

表 8－6　坚尼草体内铅含量与生物量相关性分析

项　目	根含量	茎叶含量	地上部干重	地下部干重	株高
根含量	1.000	0.945 4**	0.056 2	0.477 2	0.068 7
茎叶含量		1.000	0.003 6	0.517 9	0.012 7
地上部干重			1.000	0.182 0	0.967 4**
地下部干重				1.000	0.274 7
株高					1.000

注：*：** 表示在 0.01 水平上极显著；* 表示在 0.05 水平上显著。

由于土壤中重金属含量不仅影响坚尼草体内的重金属含量，还可能影响牧草的生物量。因此，本研究还分别对植株地上部和地下部铅含量与坚尼草生物量的相关性进行分析。由表 8－6 可知，坚尼草茎叶和根中铅含量与地上部干重、地下部干重、株高均呈正相关性，但相关性并未达显著水平。这说明，坚尼草体内铅含量对其生物量有一定的刺激生长作用。

8.2.4 外源镉、铅单一污染对土壤pH值的影响

土壤pH值是影响土壤重金属有效性的重要因子，同时也是影响土壤中重金属向植物体迁移的关键因素之一。pH值通过影响重金属化合物在土壤溶液中的溶解度来影响重金属的行为(杨刚，2006)。本研究分析了不同镉、铅浓度胁迫下对土壤pH值的影响。

由图8-7可见，随着土壤中镉浓度的增加，土壤pH值先降再升再降；而随着土壤中铅浓度的增加，土壤pH值先降再升。由此可以推断，土壤—坚尼草系统在外源不同重金属胁迫条件下，表现了不同的响应机制，从而影响土壤pH值。而本研究也发现，种植坚尼草后土壤pH值明显降低，导致土壤酸化，值得进一步关注。

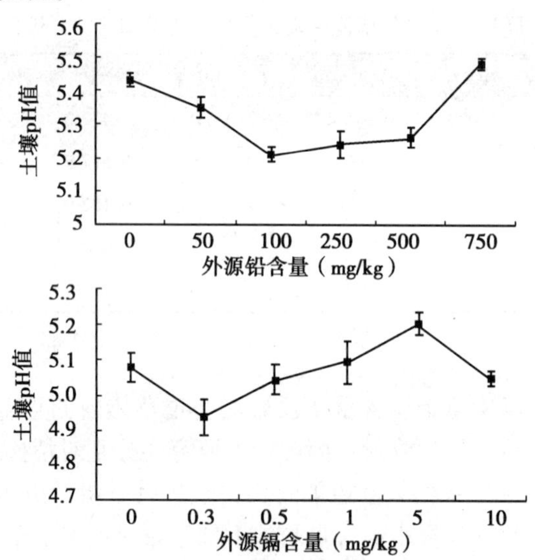

图8-7　土壤镉、铅添加量对土壤pH值的影响

8.3　本章小结

对照土壤中镉以残渣态为主（44.74%）；添加外源镉后，土壤中镉形态发生变化，残渣态比例不断下降，有机结合态比例先升后降，有效态和铁锰氧化物结合态比例不断上升。有效态镉的比例超过其他三种形态，使镉的植物有效性提高。从另一角度也说明，坚尼草体内必定存在某种机制使其具有较强的耐受能力以抵御重金属镉的胁迫。随着土壤中镉浓度的增加，坚尼草茎叶中镉含量不断上升，各处理的坚尼草对土壤中重金属镉的富集系数介于 0.29 ~4.1。坚尼草镉吸收量与土壤投加量之间的关系具有很高的拟合度。

对照土壤及各铅浓度处理土壤均以铁锰氧化物结合态和有机结合态为主（58% ~79%）。随着铅添加浓度的增加，残渣态比例不断减少，而铁锰氧化物结合态和有机结合态比例增加明显。坚尼草根对土壤中铅的富集系数介于 0.37 ~1.48；坚尼草茎叶对土壤中铅的富集系数介于 0.22 ~0.94。铅在坚尼草体内的分布为根（56% ~70%）＞茎叶（30% ~44%）。随着土壤中添加浓度的增加，坚尼草根中的分配比例变化不大，地上茎叶部分变化也较小，故而地上部铅累积量基本稳定。坚尼草吸收铅量与土壤投加量及五种不同形态铅含量之间的相关性好。

超富集植物是指能超量吸收重金属并能将其不断运移到地上部的植物。最初衡量超富集植物一个重要的指标是植物体内的重金属临界含量，植物地上部重金属的含量要高于一定的标准值（魏树和等，2004），目前，关于超富集植物衡量标准包括三个特征：即其一为临界含量特征，茎或叶富集重金属的临界含量定为：锌、锰为 10 000mg/kg，铅、铜、镍、钴、砷为 1 000mg/kg，镉为 100mg/kg，金为 1mg/kg，或者达到未受污染的普通植物的 10 ~100 倍（Baker et al. ，1989；Shen et al. ，1998）；其二为富集系数和转移系数特征，即富集系数和转移系数都 >1；其三为耐性特征。因此，超富集植物筛选应有如下标准：一是筛选出植物要有一定的耐性特征，植物体尤其是地上部能够忍耐和富集高含量的重金属，也就是说，在一定的重金属含量的土壤中，植物地上部分生物量没有下降，至少当土壤中重金属浓度高到足以使植物地上部重金属含量达到超富集植物的临界含量标准时，地上部生物量没有变化；二是植物要有较强的富集能力，即超富集植物在重金属含量高以及含量低的未污染或弱污染土壤上，都有很强的吸收富集能力，即富集系数应 >1；三是植物有很强的迁移能力，一方面有利于在收获植物地上部时，彻底清除土壤中重金属污染物，另一方面可以促进植物对重金属忍耐性，通过液泡的区室化和形成重金属螯合物从而达到解毒的作用；四是植物对农艺调控和其他物理化学手段反应积极，通过一定的耕作技术、育种技术等强化措施培养出生长速度快、育种时间短、生物量大的超富集植物，才具有推广开发价值，有利于大规模的商业化应用。

从本研究结果来看，坚尼草对镉和铅具有不同的耐性特性和富集特征，原因除了镉、铅的性质不同及土壤对铅的吸持能力大于镉，主要与镉、铅在土壤中的存在形态有关。各添加铅的处理中坚尼草富集系数均 <1，因此，利用坚尼草修复铅污染土壤的前景不乐观，但由于坚尼草对铅具有一定的抗性，此特性对于铅污染土壤的土地复垦及牧草清洁生产有着积极的实践意义。而坚尼草对镉的富集能力明显优于铅且，大部分处理坚尼草富集系数 >1，具备了超富集植物的部分基本特征。由于本研究未能对地下部镉含量进行测定，因此，无法计算转移系数，需进一步研究。热带地区具有丰富的热带作物资源，如何建立适合热带地区的超富集植物特征标准和筛选标准，才能更切合实际的发现更多的超富集植物，为污染土壤的治理和修复提供更丰富的资源。

第9章 结论与展望

9.1 结论

(1) 水培发芽率实验表明，与对照相比，低浓度（<10mg/L）镉污染对坚尼草发芽率有轻微的促进作用，高浓度（>10mg/L）则表现为抑制作用。各处理浓度（50～1 050mg/L）铅污染对坚尼草的种子发芽均有负面影响。土培实验表明，单一镉、铅胁迫能轻微促进坚尼草种子发芽。无论水培还是土培，复合镉、铅污染对坚尼草种子发芽的影响具有协同作用，且当镉浓度一定随铅浓度升高时，对发芽的抑制影响越明显。不同浓度的镉、铅处理及其交互处理对柱花草发芽率的影响较小，说明柱花草种子在萌芽阶段的抗重金属胁迫能力较强。

(2) 单一镉、铅污染对坚尼草株高、地上部干重、地下部干重的影响均大体表现为低浓度刺激、高浓度抑制。坚尼草受毒害土壤中镉、铅含量的阈值可分别设定为10mg/kg、500mg/kg或稍高于此值。盆栽条件下坚尼草对单一重金属镉、铅的抗性较强。复合镉铅污染条件下绝大部分处理的坚尼草株高小于对照。

(3) 单一镉胁迫下叶绿素a和叶绿素b浓度均随外源镉浓度的增加而表现为先增加后减少的趋势，且均大于对照浓度。单一铅胁迫下叶绿素随外施铅的浓度升高而增加。当两种重金属交互作用时，低浓度时对坚尼草起促进作用。而其他处理均抑制叶绿素的形成。单一镉胁迫下，随着外源镉浓度的增加，SOD、CAT、POD活性先上升后下降。单一镉、铅胁迫下，随外源重金属浓度的增加，脯氨酸的含量也呈上升趋势，且两者之间相关性好。在复合胁迫下，大部分处理的三种保护性酶的活性均有所下降。

（4）单一镉胁迫对坚尼草粗纤维和钙、镁百分含量的影响不显著，粗灰分的百分含量随处理浓度的升高持续增加，并显著影响了坚尼草粗脂肪、粗蛋白、磷的百分含量。

（5）添加外源镉后，土壤中镉形态发生变化，残渣态比例不断下降，有机结合态比例先升后降，有效态和铁锰氧化物结合态比例不断上升。随着土壤中镉浓度的增加，坚尼草茎叶中镉含量不断上升，各处理的坚尼草对土壤中重金属镉的富集系数介于0.29～4.1。对照土壤及各铅浓度处理土壤均以铁锰氧化物结合态和有机结合态为主（58%～79%）。随着铅添加浓度的增加，残渣态比例不断减少，而铁锰氧化物结合态和有机结合态比例增加明显。坚尼草根对土壤中铜的富集系数介于0.37～1.48；坚尼草茎叶对土壤中铅的富集系数介于0.22～0.94。铅在坚尼草体内的分布为根（56%～70%）>茎叶（30%～44%）。

简言之，重金属镉、铅污染对热带牧草坚尼草和柱花草种子的萌发和坚尼草的生长等基本上呈现低促高抑的状况，镉、铅复合污染对热带牧草的毒害作用表现为协同作用，对热带牧草生长和产量的抑制作用比单一污染严重；坚尼草虽然有一定的富集镉、铅的能力，但富集系数不够高，不能作为重金属镉、铅污染土地进行生态修复的选用植物。但在一定污染程度范围内，可考虑利用坚尼草进行镉、铅污染土壤复垦。

9.2 不足之处及有待进一步研究的问题

尽管本研究取得了一些第一手数据和资料，可以为热带牧草生产及环境修复提供理论支撑和参考，但鉴于本人能力和时间有限，因此，从理论到实践，仍有许多问题有待于深入研究和具体实践，对于以下问题还需要继续深入研究和探讨：

（1）理论上：首先，坚尼草对土壤中镉、铅的耐性机制究竟是什么，是值得深入研究的问题。本研究仅从生理生化响应的角度予以初步探讨，但所得结论并不能圆满解释这一问题。下一阶段可从细胞、分子生物学等微观层次和土壤微生物等角度深入探讨重金属对供试植物的生理毒害机制和重金属累积机理等方面内容；其次，土壤—坚尼草系统中的残渣态镉、铅为何与植株体内重金属含量呈极好的相关性，这也是非常有趣和值得进一步研究的问题；第三，如何通过外源条件的改变来矫正重金属胁迫（尤其是高浓度胁迫及复合胁迫）对坚尼草的毒害作用和诱导机制，是下一阶段尚待研究的课题；第四，下一阶段的研究可增加更多的重金属元素种类、更多的单一和复合重金属处理水平，找到某种重金属对热带牧草造成危害的准确临界浓度，为热带牧草实际生产工作提供科学的理论数据，用以更好指导生产；第五，继续在热带植物中寻找抗重金属能力强的超富集牧草品种，为热带地区重金属污染土壤的植物修复提供支撑。

（2）实践上：本研究所得结论均为模拟污染及严格控制条件情况下所得。而现实中，土壤中往往是多种重金属并存，且不可控因素较多，因此，本研究所得结论有待大田试验验证，以便更加科学实际地作出生产决策。

参考文献

[1] 曹德菊，周世杯，项剑. 苎麻对土壤中 Cd 的耐受和积累效应研究 [J]. 中国麻业，2004，26 (6)：272 ~275.

[2] 陈利锋，宁玉立. 抗感赤霉病小麦品种超氧化物歧化酶和过氧化酶活性的比较 [J]. 植物病理学报，1997，27 (3)：209 ~213.

[3] 陈桔. 粮、经、饲三元种植结构及其途径探讨 [J]. 天津农林科技，1997，38 ~40.

[4] 陈玉成，董姗燕，熊治廷. 表面活性剂与 EDTA 对雪菜吸收 Cd 的影响 [J]. 植物营养与肥料学报，2004，10 (6)：651 ~656.

[5] 陈怀满. 重金属对不同种植物吸收 N、P、K 的影响 [J]. 土壤学报，1985，22 (1)：85 ~92.

[6] 陈怀满，郑春荣，陈能场等. 土壤—植物系统中的重金属污染 [M]. 北京：科学出版社，1996，183.

[7] 陈怀满. 土壤中化学物质的环境行为与环境质量 [M]. 北京：科学出版社，2002.

[8] 丁园. 重金属污染土壤的治理方法 [J]. 环境与开发，2000，15 (2)：25 ~28.

[9] 丁园. 土壤重金属复合污染对牧草生长的影响及调控[D]. 南京农业大学，2001.

[10] 丁园，刘继东. 重金属污染黄棕壤中施用促根剂对黑麦草生长的影响 [J]. 江西畜牧兽医杂志，2003，(4)：19 ~21.

[11] 丁园，刘继东，陈炳存，沈华喜．重金属胁迫对黑麦草种子萌发的影响［J］．江西畜牧兽医杂志，2005，(3)：21～22.

[12] 杜应琼，何江华，陈俊坚等．重金属对蔬菜生长及吸收的影响［J］．园艺学报，2003，30（1）：51～55.

[13] 高建兰，刘玲，张洪林．镉胁迫对玉米生理特性的影响［J］．浙江科技学院学报，2004，16（2）：105～108.

[14] 高柳青，田长彦，胡明芳．土壤锌、锰胁迫对棉花氮、磷养分吸收的影响［J］．资源科学，1999，21（3）：72～76.

[15] 郭明新，林玉环．利用微生态系统研究底泥重金属的生物有效性［J］．环境科学学报，1998，18（3）：325～330.

[16] 黄晓华，周青，程宏英．五种常绿树木对Pb污染胁迫的反应［J］．城市环境与城市生态．2000，13（6）：40～58.

[17] 黄玉山，罗广华，关文．镉诱导植物的自由基过氧化损伤［J］．植物学报，1997，39（6）：522～526.

[18] 韩建国．实用牧草种子学［M］．北京：中国农业大学出版社，1998，45～81.

[19] 季玉鸣，李振国，余叔文．Cd引起小麦逆境乙烯的产生及其Cd的吸收和分布［J］植物生理学报，1989，15（2）：159～166.

[20] 姜虎生．Cd胁迫对玉米生理特性的影响［J］．辽宁石油化工大学学报，2004，24（2）：35～39.

[21] 柯文山，陈建军，黄邦全等．十字花科芸薹属5种植物对Pb的吸收和富集［J］．湖北大学学报，2004，23（6）：236～238.

[22] 匡少平，徐仲，张书圣．水稻对土壤中环境激素铅的吸收效应及污染防治［J］．环境科学与技术，2002，25（2）：

32 ~ 34.

[23] 雷虎兰，高发奎，杨晓辉，许嘉琳. 灰钙土重金属污染对农作物生理生化作用的影响 [J]. 农业环境保护，1994，13 (1)：12 ~ 17.

[24] 李其林，刘德光，魏朝富等. 重庆市蔬菜区重金属污染现状 [J]. 土壤通报，2005，3 (2)：104 ~ 107.

[25] 李国良. 重金属镉污染对玉米种子萌发及幼苗生长的影响 [J]. 国土与自然资源研究，2006，2：91 ~ 92.

[26] 李合生. 植物生理生化实验原理和技术 [M]. 北京：高等教育出版社，2000.

[27] 李铭心. 重金属镉对莲藕生长发育的影响 [D]. 华中农业大学硕士学位论文，2005.

[28] 李丽君，郑普山，谢苏. 镉对玉米种子萌发和生长的影响 [J]. 山西大学学报（自然科学版），2001，24 (1)：93 ~ 94.

[29] 廖自基. 微量元素的环境化学及生物效应 [M]. 北京：中国环境科学出版社，1993，299 ~ 302.

[30] 林大松. 集约化菜地重金属复合污染化学行为及调控技术研究 [D]. 中国农业科学院硕士学位论文，2005.

[31] 林健，邱卿如，陈建安等. 公路旁土壤中重金属和类金属污染评价 [J]. 环境与健康杂志，2000，17 (5)：284 ~ 286.

[32] 刘国道. 海南饲用植物志 [M]. 北京：中国农业大学出版社，2000，505.

[33] 刘云国，尹志平. 土壤 Cd 污染生物整治研究 [J]. 湖南大学学报（自然科学版），2000，27 (3)：34.

[34] 刘威，束文圣. 蓝崇钰宝山堇菜（viola baoshanensis）——一种新的 Cd 超富集植物 [J]. 科学通报，2003，

48 (19): 2 046 ~ 2 050.

[35] 罗广华，王爱国. 高浓度氧对水稻幼苗的伤害及活性氧防御酶 [J]. 中国科学院华南植物研究所集刊. 1989，4: 169 ~ 176.

[36] 聂俊华，刘秀梅，王庆仁. 铅富集植物品种的筛选 [J]. 农业工程学报，2004，20 (4): 255 ~ 258.

[37] 聂俊华，刘秀梅，王庆仁. 营养元素 N、P、K 对 Pb 超富集植物吸收能力的影响 [J]. 农业工程学报，2004，20 (5): 262 ~ 265.

[38] 秦天才，吴玉树，王焕校，李启任. 镉、铅及其相互作用对小白菜根系生理生态效应的研究 [J]. 生态学报. 1998，18: 320 ~ 325.

[39] 秦天才，阮捷，腴娇. 重金属对植物光合作用的影响 [J]. 环境科学技术，2000 (增刊)，33 ~ 35.

[40] 孙铁衍，周启星，李培军. 污染生态学 [M]. 北京: 科学出版社，2001，309 ~ 368.

[41] 孙健，孙柏清，钱湛，杨佘维等. 重金属单一污染对灯心草生长及重金属积累特性的影响 [J]. 中国安全生产科学技术，2006，2 (1): 21 ~ 27.

[42] 孙健. 灯心草对土壤重金属污染的抗性及其修复潜力研究 [D]. 湖南农业大学硕士论文，2006.

[43] 施为光. 成都市街道地表物中的重金属 [J]. 城市环境与城市生态，1995，8 (3): 25 ~ 28.

[44] 宋玉芳，许华夏，任丽萍，龚平，周启星. 土壤重金属对白菜种子发芽与根伸长抑制的生态毒性效应 [J]. 环境科学，2002，23 (1): 103 ~ 107.

[45] 苏德纯，黄焕忠. 油菜作为超累积植物修复污染土壤的潜力 [J]. 中国环境科学，2002，22 (1): 48 ~ 51.

[46] 王宏信. 重金属富集植物黑麦草对锌、镉的响应及其根际效应 [D]. 西南大学硕士论文，2006.
[47] 王志香. 重金属胁迫对三种木本植物影响的研究 [D]. 中国林业科学研究院硕士论文，2007.
[48] 王兴明，李晶，涂俊芳等. Cd 对油菜种子发芽与幼苗生长的生态毒性 [J]. 土壤通报，2006，37 (6)：1218 ~ 1223.
[49] 王学峰，师东阳，刘淑萍，冯颖俊，崔英. 土壤中铅锰复合污染对烟草生长及其吸收铅和锰的影响 [J]. 土壤，2007，39 (5)：742 ~ 745.
[50] 王激清，茹淑华，苏德. 印度芥菜和油菜互作对各自吸收土壤中难溶态 Cd 的影响 [J]. 环境科学学报，2004，24 (5)：890 ~ 895.
[51] 王松良，郑金贵. 芸苔属蔬菜的 Cd 富集特性及其修复土壤 Cd 污染的潜力 [J]. 福建农林大学学报（自然科学版），2004，33 (1)：94 ~ 100.
[52] 王校常，施卫明，曹志洪. 重金属的植物修复技术——绿色清洁的污染治理技术 [J]. 核农学报，2000，14 (5)：315 ~ 320.
[53] 王艳，王金达，刘汝梅，李仲根，杨继松. 土壤铅的浓度与油菜生长相互影响的研究 [J]. 农业环境科学学报，2004，23 (1)：47 ~ 50.
[54] 魏树和，周启星，王新. 超积累植物龙葵及其对 Cd 的富集特征 [J] 环境科学，2005，26 (3)：167 ~ 171.
[55] 魏树和，周启星，王新等. 一种新发现的镉超积累植物龙葵（Solanum nigrum） [J]. 科学通报，2004，49 (24)：2 568 ~ 2 573.
[56] 邬飞波，张国平. 不同镉水平下大麦幼苗生长和镉及养分

吸收的品种间差异 [J]. 应用生态学报, 2002, 13 (12): 1 595 ~1 599.

[57] 吴双桃. 美人蕉在 Cd 污染土壤中的植物修复研究 [J]. 工业安全与环保, 2005, 31 (9): 13 ~16.

[58] 吴双桃, Cd 污染土壤治理的研究进展 [J]. 广东化工, 2005, 4: 40 ~41.

[59] 吴双桃, 吴晓芙, 胡日利等. 铅锌冶炼厂土壤污染及重金属富集植物的研究 [J]. 生态环境, 2004, 13 (4): 585 ~586.

[60] 吴涛. Cu、Pb 及其交互作用对鱼腥草生理生态效应的研究 [D]. 四川农业大学硕士论文, 2005.

[61] 吴仁润, 卢欣石. 中国热带、亚热带牧草种质资源 [M]. 北京: 中国农业科技出版社, 1992, 154.

[62] 邢前国, 潘伟斌. 富含 Cd、Pb 植物焚烧处理方法的探讨 [J]. 生态环境, 2004, 13 (4): 585 ~586.

[63] 薛艳, 沈振国, 周东美. 蔬菜对土壤重金属吸收的差异与机理 [J]. 土壤, 2005, 37 (1): 32 ~36.

[64] 修瑞琴, 许水香, 高世荣. 砷与锌、镉对斑马鱼的联合毒性实验 [J]. 中国环境科学, 1998, 18: 349 ~352.

[65] 夏家淇. 土壤环境质量标准详解 [M]. 北京: 中国环境科学出版社, 1996.

[66] 夏汉平. 土壤—植物系统中的镉研究进展 [J]. 应用与环境生物学报, 1997, 3 (3): 289.

[67] 许学宏, 纪从亮. 江苏蔬菜产地土壤重金属污染现状调查与评价 [J]. 农村生态环境, 2005, 21 (1): 35 ~37.

[68] 严重玲, 洪业汤, 付舜珍. Cd、Pb 胁迫对烟草叶中抗氧化酶活性的影响 [J]. 生态学报, 1998, 17 (5): 488 ~492.

[69] 杨刚. 铅胁迫下氮肥形态对鱼腥草铅积累效应的影响 [D]. 四川农业大学硕士论文，2006.

[70] 杨凯. 重金属镉铅对茭白生长发育的影响及吸收分配的差异 [D]. 扬州大学硕士论文，2006.

[71] 杨居荣，鲍子平，张素芹. 镉、铅在植物细胞内的分布及其可溶性结合形态 [J]. 中国环境科学，1993，13 (4)：263～268.

[72] 杨居荣，何孟常等. 水稻籽实中铅的分布及其结合形态 [J]. 农业环境保护，2001，20 (1)：129～132.

[73] 叶寒青，杨祥良，周井炎等. 环境污染物镉毒性作用机理研究进展 [J]. 广东微量元素科学，2001，8 (3)：9～12.

[74] 殷宗慧，刘虹. 铅在灰钙土土壤—植物系统与环境中的迁移和环境容量 [J]. 地理研究. 1993，12 (3)：100～106.

[75] 张义贤. Hordeum vulgare 对重金属的毒理学研究 [J]. 环境科学学报，1997，17 (2)：199～205.

[76] 张义贤. 重金属对大麦 (Hordeum vulgare) 毒性的研究 [J]. 环境科学学报，1998，17 (2)：199～201.

[77] 张义贤，张丽萍. Cd^{2+}、Pb^{2+}、Hg^{2+}、Ni^{2+} 胁迫对大麦抗氧化酶活性的影响 [J]. 农业环境科学学报，2005，24 (2)：217～222.

[78] 张绪元. 热带牧草抗旱性初步评价 [D]. 海南：华南热带农业大学硕士论文，2005.

[79] 张春容，夏立江，杜相革. 镉对紫花苜蓿种子萌发的影响 [J]. 中国农学通报，2004，20 (5)：253～255.

[80] 赵博生，毕红卫. 重金属对植物细胞的毒害研究进展 [J]. 环境科学学报，1997，17 (2)：199～205.

[81] 郑凯，顾洪如，沈益新等. 牧草品质评价体系及品质育种的研究进展 [J]. 草业科学，2006，23 (5)：57 ~ 60.

[82] 郑德富. 调整结构采取措施促进牧业健康发展 [J]. 饲料与畜牧，2000，(2)：14 ~ 16.

[83] 郑茂波. 钙离子对烟草富集 Cd 量的影响研究 [J]. 黑龙江水专学报，2005，32 (2)：85 ~ 88.

[84] 中国土壤学会. 土壤农业化学分析方法 [M]. 北京，中国农业科技出版社，2000.

[85] 周青，黄晓华，张一. 镉对种子萌发的影响 [J]. 农业环境保护，2000，19 (3)：156 ~ 158.

[86] 周启星，高振民. 作物籽实中 Cd 与 Zn 的交互作用及其机理的研究 [J]. 农业环境保护，1994，13：148 ~ 151.

[87] A Tessier，PGC Compbell，M Bisson. Sequential Extraction Procedure for the Speciation of Particulate Trace Metals. Analytical Chemistry，1979，51 (7) ：844 ~ 850.

[88] AsamiJ. Maximum allowable limits of heavy metals in rice and soil，In：Kitagishik Yamane leds.. Heavy Metal Pollution in Soil of Japan Tokyo Japan [M]. Science Society Press，1981，257 ~ 274.

[89] Baker A JM. Accumulator sand excluders strategies in the response of plants to heavy metals [J]. Plant Nutrition，1981，3 (1 ~ 4)：643 ~ 654.

[90] Baker AJM，Walker PL. Ecophysiology of metal uptake by tolerant plant [A]. In：Shaw AJ. Heavy Metal Tolerance in Plants：Evolutionary Aspects [M]. Boca Raton：CRC press Inc.，1989，155 ~ 178.

[91] Baker AJM，Brooks RR. Terrestrial higher plants which hyperaccumulate metallic elements-a review of their distribution，e-

cology and phytochemistry [J]. Biorecovery, 1989, 1: 811 ~ 826.

[92] Baker AJM, Whiting SN. In search of the Holy Grail – a further step in understanding metal hyperaccumulation [J]. New Phytologist, 2002, 155: 1 ~ 4.

[93] Bazzaz F. A., Rolfe G. L., Garlson R. W.. The Effect of Cadmium on Photosynthesis and Transpiration of Excised Leaves of Corn and Sunflower [J]. Plant Physiol., 1974, 32: 373 ~ 377.

[94] Bernal M P, MeGrath SP. Effects of pH and heavy metal concentrations in solution culture on the proton realease, growth and elemental composition of Alyoum murale and Raphanus sativus L [J]. Plant and soil, 1994, 166: 82 ~ 93.

[95] Breteler H, Smit A L. Effect of ammonium nutrition on uptake and metabolism of nitrate in wheat [J]. Neth. J. Agric. Sci., 1974, 22: 73 ~ 81.

[96] Brooks, R. R., Lee, J., Reeves, R. D. et al. Detection of nickliferous rocks by analysis of herbarium species of indicator plants [J]. Journal of Geochemical Exploration, 1977, (7): 49 ~ 57.

[97] Chaney, R. L. Plant uptake of inorganic waste constituents In: Parr J. F. eds. LandTreatment of Hazardous wastes. Noyes Date corporation, Park Ridge, New Jersey, USA, 1983, 50 ~ 76.

[98] ChisMarc VH, Dirk I. Superoxided isutase and stress to lerance [J]. Annu. Rev. Plant Physiol Plant Mol. Biol., 1992, 43 ~ 83.

[99] Greene JC, Bartels GL, Warren-Hicks WJ. Protocols for short-

term toxicity screening of hazardous waste sites. US Environmental Protection Agency. 1998, EPA/600/3 ~88/029.

[100] Effects of cadmium and mixed heavy metals on rice growth in Liaoning, China [J]. Soil & Sediment Contamination, 2003, 12: 851 ~864.

[101] International Organization for Standardizaion (ISO). Soil quality-Determination of the effects of pollutants on soil flora. Part 1: method for the measurement of inhibition of root growth. 1993, ISO 11 269 ~11 271.

[102] Hart J. J., Welch R. M., Norvell W. A. et al. Characterization of Cadmium Binding, Uptake, and Ttranslocation in Intact Seedings of Bread and Durum Wheat Cultivars [J]. Plant Physiol., 1998, 116: 1 413 ~1 420.

[103] Kjaer C, Pedersen N, Elmegaard N. Effects of soil copper on black bindweed (Fallopia convovulus) in the laboratory and in the field [J]. Arch. Environ. Contamn. Toxicol., 1998, 35: 14 ~19.

[104] Knoke K, Marwood T M, Cassidy MB et al. A comparison of five bioassays to monitor toxicity during biomediation of pentachlorophenol-contaminated soil [J]. Water, Air and Soil Pollution, 1999, 110: 157 ~169.

[105] Kumar P B AN, Dushenkov V, Motto H, et al. Phytoextraction: the use of plant to remove heavy meal from soils [J]. Environ. Sci. Technol, 1995, 29: 1 232 ~1 238.

[106] Kwon Y T, lee C W. Application of multiple ecological risk indices for the evaluation of heavy metal contamination in a coastal dredging area [J]. The Science of the Total Environment, 1998, 214 (1 ~3): 203 ~210.

[107] Lottermoser B. G . Natural Enrichment of Topsoils with Chromium and other Heavy Metals, Port Macquarie, New south Wales, Austrilia [J]. Australian Journal of soil Research, 1997 , 35: 1 165 ~1 176.

[108] Markus J. A. , Mcbratney A. B.. An Urban Soil Study: Heavy Metals in Glebe, Australian [J]. Australian Journal of Soil Research, 1996, 34: 453 ~465.

[109] McGrath SW, Zhao FJ, Lombi E. Plant and rhizosphere processes involved in phytoremediation of metal-contaminated soils [J]. Plant Soil, 2001, 232: 207 ~214.

[110] Migirr LG, PJO Brien. Mechanisms of membrane lipid pemxidation. Recent Advances in Biol [J]. Membrane Studies, 1985, 319 ~344.

[111] Mishra A, Choudhurt M A. Monitoring of phytotoxicity of lead and mercury from germeination and early seeding growth indices in two rice cultivators [J]. Water Air and Soil Pollution, 1999, 110: 340 ~345.

[112] Ouariti O, Gouia H, Ghorbal MH. Responses of bean and tomato plants to cadmium: growth, minal nutrition and nitrate reduction [J]. Plant physiology and biochemistry, 1997, 35: 347 ~354.

[113] Ouyang H, Vogel H J. Metal ion binding to calmodulin NMR and uorescence studies [J]. Biometals, 1998, 11: 213 ~212.

[114] Patral, Lenka M, Panda BB. Tolerance and co-tolerance of the grass Chloris bartata Sw. totercury, cadmium and zinc [J]. New Phytol. , 1994, 128: 165 ~171.

[115] Pieta L F. Evolutionary response of plants to anthropogenic

pollutants [J]. Treads in Ecology and Evoluation, 1988, 3: 233 ~236.

[116] Piotrowska, M., S Dudka, A Chlopecka. Effect of elevated concentrations of Cd and Zn in soil on spring wheat yield and metal contents of the plants [J]. Water, Air and Soil pollution. 1994, 76: 333 ~341.

[117] Pouyat R. V., Mcbonnell M. J.. Heavy Metal Accumulations in Forest Soils along an Urban-rural Gradient in Southeastern New-York, USA [J]. Water AIR and Soil Poillution, 1991, 57 (80): 797 ~807.

[118] Reeves RD. New Zealand serpentines and their flora. In: Baker AJM, Proctor J, Reeves, RD. The vegetation of ultramafic (serpentine) soils [J]. Andover, UK: Intercept, 1992, 129 ~137.

[119] Ribeyre F, Triquet C A, Boudou A. Experimental study of interactions between five trace elements Cu, Ag, Se, Zn and Hg toward their bioaccumulation by fish (Brachyanio verio) from the direct route [J]. Ecotoxicol Environ Safe. 1995, 32: 1 ~11.

[120] Salt, D. E., Smith, R. D., Raskin, I. Phytoremediation [J]. Annual Review of Plant Physiology and Plant Molecular Biology, 1998, 49: 643 ~648.

[121] Shen ZG, Liu YL. Progress in the study on the plants that hyperaccumulate heavy metal [J]. Plant Physiol Commun, 1998, 34: 133 ~139.

[122] Smilde K W, Luit B V, Driel W V. The extraction by soil and absorption by plants of applied zinc and cadmium [J]. Plant and Soil, 1992, 143: 233 ~238.

[123] Sugiyama M.. Role of Cellular Antioxidants in Metal-induced Damage [J]. Cell Biol. Toxicol., 1994, 10: 1 ~ 22.

[124] Varga A, Martinez RMG, Zaray G, Fodor F. Investigation of effects of cadmium, lead, nickel and vanadium contamination on the uptake and transport processes in cucumber plants by TXRF spectrometry [J]. Spertrochimica Acta (Part B), 1999, 54 (10): 1 455 ~ 1 462.

[125] Vera Estrella R, Hiffins V J, Blumwald E. Plant defense response to fungal phthogens: IIG Protein mediated changes in host plasma membrance reaction [J]. Plant Cell physiol, 1994, 106: 97 ~ 102.

[126] Wu F. B., Zhang G.. Genotypic Difference in Effect of Cd on Growth and Mineral Concentration in Barley Seedlings [J]. Bull. Environ. Contam. Toxicol. 2002, 69: 219 ~ 227.

[127] Yang Young-Yell, Jung Ji-Young, Song Won-Yong et al. Identification of Rice Varieties with High Tolerance or Sensitivity to Lead and Characterization of the Mechanism of Tolerance [J]. Plant Physiol., 2000, 124: 1 019 ~ 1 026.